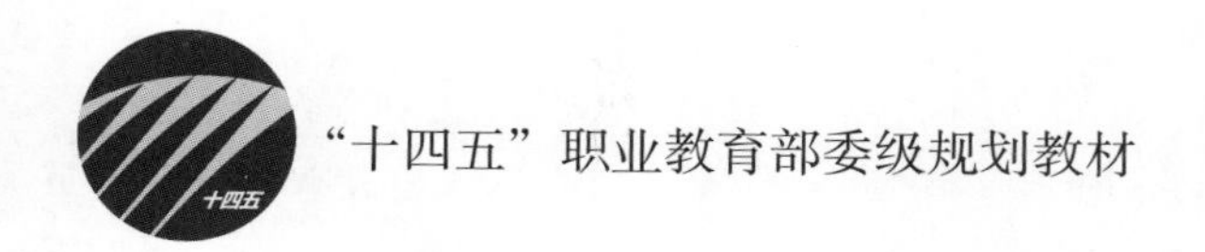

"十四五"职业教育部委级规划教材

全自动缝纫机操作与保养教程

鲍胜群　祖秀霞　李云云　著

中国纺织出版社有限公司

内容提要

本书全面系统地介绍了全自动缝纫机的发展历史、代表机型、主要结构、界面参数的含义、重要零部件功能、操作和保养等相关内容。本书将理论与实践应用紧密结合，详细介绍了全自动缝纫机缝制产品的使用流程，并以服装部件、汽车座椅等多类产品的生产为例，讲解了全自动缝纫机界面参数功能调整、多种实用装置的用法、特殊缝纫工艺实现方法等，具有可操作性强，贴近实际等优点。

本书既可以作为高职院校服装等专业的教材，也可以作为从事服装设计、服装技术和柔性材料加工工艺等工程技术人员及其他相关人员学习与培训的参考用书。

图书在版编目（CIP）数据

全自动缝纫机操作与保养教程 / 鲍胜群，祖秀霞，李云云著. -- 北京：中国纺织出版社有限公司，2023.7
“十四五”职业教育部委级规划教材
ISBN 978-7-5229-0639-3

Ⅰ. ①全… Ⅱ. ①鲍… ②祖… ③李… Ⅲ. ①自动控制—缝纫机—操作—高等职业教育—教材②自动控制—缝纫机—保养—高等职业教育—教材 Ⅳ. ① TS941.561

中国国家版本馆 CIP 数据核字（2023）第 097473 号

责任编辑：宗　静　　特约编辑：朱静波
责任校对：王蕙莹　　责任印制：王艳丽

中国纺织出版社有限公司出版发行
地址：北京市朝阳区百子湾东里A407号楼　邮政编码：100124
销售电话：010—67004422　传真：010—87155801
http://www.c-textilep.com
中国纺织出版社天猫旗舰店
官方微博 http://weibo.com/2119887771
北京通天印刷有限责任公司印刷　各地新华书店经销
2023年7月第1版第1次印刷
开本：787×1092　1/16　印张：8
字数：145千字　定价：59.80元

前言

全自动缝纫机作为目前服装生产中先进的全自动缝纫设备，不仅能够解决服装缝纫效率低、缝制不规范、工人技术熟练程度要求高等一系列传统生产问题，更为缝纫生产线提供了自动化的缝纫单元，已经成为服装缝纫生产线上的核心设备。

随着全自动缝纫机、模板技术的发展，全自动缝纫机的市场保有量不断增加，由此给全自动缝纫机的使用、维修与保养工作带来了新的问题和挑战，同时也为行业发展提供了广阔的空间。当前市场需要大量专业的高技能服务人才，虽然全自动缝纫机维修从业人员在不断增长，但是缺乏专业的技术规范和标准。目前行业内亟需起实际指导作用的教材，以满足人才培养需求。为使广大全自动缝纫机使用和维修人员快速掌握全自动缝纫机的机器原理、结构特点和维修保养技术，特此编写了此书。

本书以上工富怡智能制造（天津）有限公司生产的全自动缝纫机为例，将实际应用作为重点内容，以操作流程为主线，包括理论基础、训练与实践两大部分内容，较系统地介绍了当前全自动缝纫机的基础知识、分类、操作与保养等知识。本书力争做到内容丰富实用、图文并茂、理论结合实践、通俗易懂，以期达到读者能够扩展知识、提高全自动缝纫机维修与保养水平的目的。

本书是由有丰富实践工作经验的高级工程师与院校教师共同完成，注重理论与实践相结合。其中，上工富怡智能制造（天津）有限公司高级工程师鲍胜群全面负责整书的统稿，辽宁轻工职业学院纺织服装系系主任祖秀霞，负责编写第一章、第二章理论基础，天津市再登科技有限公司高级工程师李云云负责第三、第四章节训练与实践编写工作。由于水平有限，书中疏漏在所难免，希望广大读者批评指正。

鲍胜群

2023年5月

教学内容及课时安排

章/课时	课程性质/课时	节	课程内容
第一章 （2课时）	理论基础 （6课时）		·缝纫机的基础知识
		一	缝纫机概述
		二	缝纫机的发展
第二章 （4课时）			· 电驱动缝纫机简介及分类
		一	普通电动缝纫机
		二	全自动缝纫机
第三章 （23课时）	训练与实践 （30课时）		·全自动缝纫机的操作
		一	全自动缝纫机的主要结构
		二	安全检查
		三	全自动缝纫机的基本操作
		四	按钮及指示灯
		五	全自动缝纫机重点零部件功能介绍
		六	全自动缝纫机操作界面介绍
		七	全自动缝纫机触摸屏操作案例
		八	全自动缝纫机按键操作面板介绍
第四章 （7课时）			· 全自动缝纫机的保养
		一	设备保养的概述
		二	设备的维护与保养
		三	保养总要求及设备保养计划
		四	常见故障及解决措施

注　各院校可根据自身的教学特点和教学计划对课程时数进行调整。

目录

理论基础——

缝纫机的基础知识

课题名称： 缝纫机的基础知识

课题内容： 1. 缝纫机概述

2. 缝纫机的发展

课题时间： 2课时

教学目的： 了解缝纫机的基础知识

教学方式： 课堂授课

教学要求： 了解缝纫机相关的基础概念、现状和发展趋势。

课前（后）准备： 查阅相关资料。

第一章　缝纫机的基础知识

本章主要介绍缝纫机的基本概念，讲解缝纫机的分类，为后续章节打下基础。简要介绍了缝纫机的发展历程和发展趋势。

第一节　缝纫机概述

一、缝纫机简介

缝纫机是指用一根或多根缝纫线，在缝料上形成一种或多种线迹，使一层或多层缝料缝合起来的机器。缝纫机能缝制棉、麻、丝、毛、人造纤维等织物和皮革、塑料、纸张等制品，缝出的线迹整齐美观、平整牢固，缝纫速度快、使用简便。缝纫机与我们的生产生活息息相关，有着举足轻重的地位。

随着工业机械化和自动化的发展，缝纫机也在不断地更新换代，缝纫机越来越广泛应用于各个领域中，如服装、家纺、箱包、卫星外衣、家具和汽车内饰等。具有生产效率高、产品质量好和成本比较低廉等优点的全自动缝纫机已经得到应用与普及，在服装、家纺、汽车等领域中处在重要的地位。

二、缝纫机分类

缝纫机的分类方式有很多，比较普遍的是按线迹和用途区分。按线迹分类可归纳为锁式线迹和链式线迹两类。锁式线迹最为常见，由两根缝线组成，两根线相互交织，其交织点在缝料中间。从线迹的横截面看，两根缝线像两把锁相互锁住一样，因而称为锁式线迹。这种线迹用在收缩率小的棉、毛织物或皮革等缝料，正面和反面线迹形状相同，如同一条虚线。线迹分布密实，缝纫的牢度一般超过手工缝纫。链式线迹是由缝线的线环自连或互连而成，常用的有单线链式、双线链式和三线包缝线迹。这种线迹的特点是线迹有弹性，能随着缝料一起伸缩而不会崩断缝线，适用于线制弹性织物的服装或包缝容易松散的制品和坯布等。

缝纫机按驱动方式可以分为手摇缝纫机、脚踏缝纫机、电驱动缝纫机。初期家用缝纫机基本上都为单针、手摇式缝纫机，后来发明了电驱动缝纫机，电驱动缝纫机成为市场上的主流。电驱动缝纫机按机构和线迹来划分，大致可归纳为JA型、JB型、JG型、JH型。大部分工业用缝纫机都属于通用缝纫机，包括平缝机、链缝机、绗缝机、包缝机及绷缝机等，其中平缝机的使用率最高。

另外，按照用途大致可分为家用缝纫机、服务行业用缝纫机和工业用缝纫机。

第二节　缝纫机的发展

一、缝纫机的发展史

18世纪中叶工业革命后，纺织工业的大生产促进了缝纫机的发明和发展。在这个过程中缝纫机不断改进和提高，已经形成了多品种、多款式、多品牌的格局。缝纫机经过了200多年的发展，可以分为人工驱动、电机驱动、半自动和全自动这四个发展阶段，对应第一、第二、第三、第四代缝纫机。

1. 第一代缝纫机

最大特征：动力来自手摇或脚踏。

1790年，英国木工托马斯·山特（Thomas Saint）发明了世界上第一台先打洞、后穿线、缝制皮鞋用的单线链式线迹手摇缝纫机。

1851年，美国机械工人I.M.胜家发明了锁式线迹缝纫机，并成立了胜家公司，开始了大规模制造缝纫机。

1859年，胜家公司发明了脚踏式缝纫机，如图1-1所示。

2. 第二代缝纫机

最大特征：动力来自电机驱动。

从托马斯·爱迪生发明了电动机后，1889年美国胜家公司发明了电动机驱动缝纫机，从此开创了缝纫机工业的新纪元。现代工业用缝纫机，包括普通平缝机、电脑平缝机、电脑长臂机等，都属于电动缝纫机，传动方式有皮带传动和直接驱动两种，电机经历了交流、直流、滑差、变频、伺服五个阶段。第二代缝纫机如图1-2所示。

3. 第三代缝纫机

最大特征：动力来自伺服直驱。

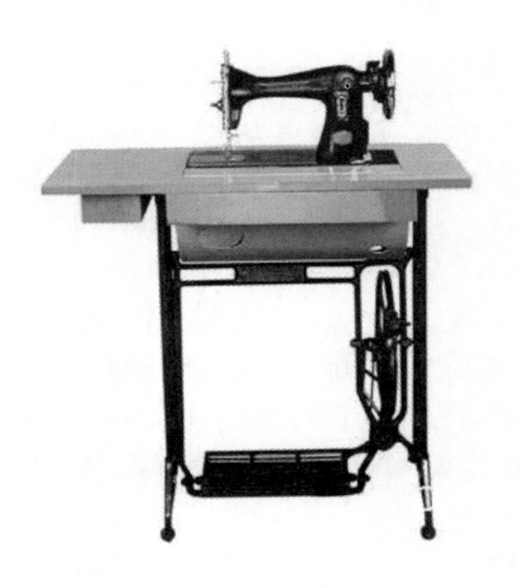

图1-1　第一代脚踏式缝纫机

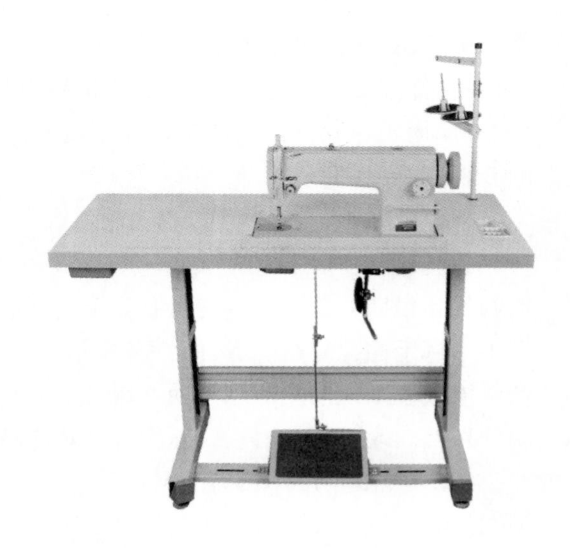

图1-2　第二代电动缝纫机

早期的第三代缝纫机能够实现自动停车、自动剪线、自动松线、自动退车和自动抬压脚等功能，缝制线迹和针步由人工操作。

为了满足市场的需要，对第三代缝纫机进行了改进，改进后的机型能够通过电脑控制，根据缝制的需要对针步、速度、停针进行编程设定，但是只能缝制缝纫机自带的有限种花型，并且缝制面积很小，是目前市场上工业缝纫机中的热门机型。如图1–3所示为第三代缝纫机中的平缝机。

4. 第四代缝纫机

第四代缝纫机是一种全自动机电一体化设备，需要用到服装制板CAD软件、绣花打板CAD软件、电脑电控系统、电脑刺绣机、电脑绗缝机、激光切割机、电脑裁床等多方面的技术。如图1–4所示为第四代缝纫机中的冲缝一体机。

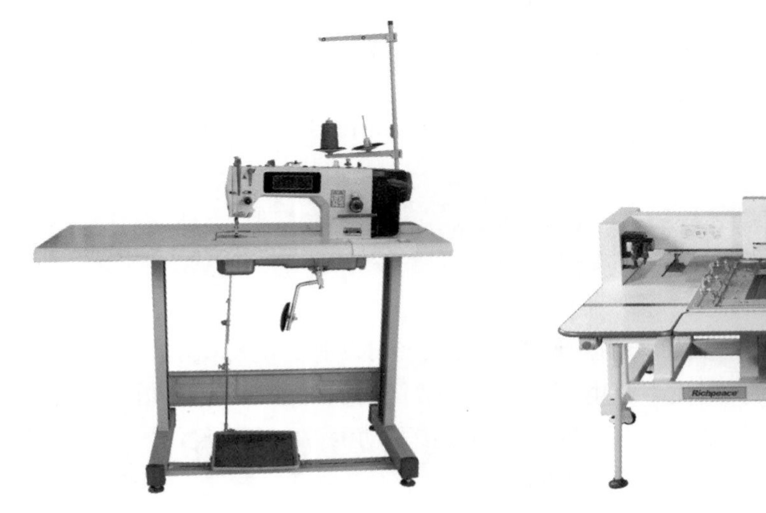

图1–3 平缝机

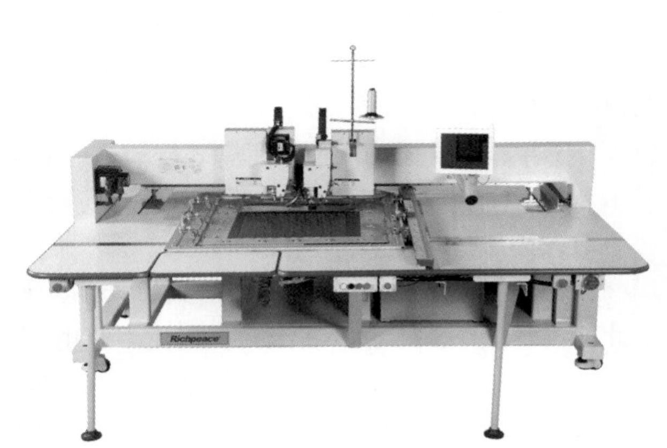

图1–4 冲缝一体机

第四代缝纫机的主要特征：

（1）设备自动化程度高，一个工人能够负责多台机器，同时缝制多个产品。

（2）使用工业软件编程和工业控制技术控制缝制轨迹，解放人手的同时实现了精密、复杂的缝制。

（3）缝制品质的一致性可以得到保障。

（4）能够适用PVC模板等多种工装夹具。

前两代和早期的第三代缝纫机有几个共同的特征：一台机器由一个人来操作，缝制的物品由车工手持手控，复杂的线迹必须先画线，缝制的质量主要取决于工人的技术和经验，缝制的产量依赖于工人的熟练和干劲。弯臂式的结构限制了缝制面积的同时，也限制了很多特殊缝制的发展。改进后的第三代缝纫机虽然能够实现自动缝纫，但是也只能缝制设备自带的有限种花型，并且缝纫面积较小。

第四代缝纫机突破了前三代缝纫机对于缝制面积的限制，它可以对物料进行全面把握，使得缝制轨迹更加精准，而且整个缝制过程是智能化控制的。例如，缝迹自动变速、模板自动识别、压脚压力独立驱动+自动控制、缝制与裁切一体化、模板扣紧点自动变换、机头与旋梭同步旋转保证针迹一致性控制、自动上料+自动出料等。

二、缝纫机的发展趋势

随着自动化的发展，缝纫机的种类和功能日益完善，应用领域日益扩大，不同的应用领域对缝纫机提出了新的要求，又促进了缝纫机的发展。要求是在保证缝纫机缝制的产品质量前提下，提高生产效率。缝纫机发展总趋势是把自动化技术、物联网、人工智能等技术更好地融入缝纫机中。

（1）缝纫机使用的工装夹具将从单一的模板发展到千变万化的专用模具。

（2）作为缝制单元，将从平面到立体，从三轴到*N*轴，最终成为可以适应各种缝制的机器人。

（3）以第四代缝纫机为主要节点的缝前缝中一体化生产线，将把设计、制板、裁剪、服饰、上料、加料、出料、缝制、成衣等工序有机地连接起来，实现柔性制造，对市场需求真正做到快速反应。

（4）直接对多层布匹和夹料进行缝制，再裁剪部件，最后总缝成衣，彻底颠覆传统的服装制造工序。

（5）第四代缝纫机将会普及应用，并成为缝纫企业的主力缝制设备，从而带动缝纫行业工业化与信息化在技术、产品、业务方面实现深度融合，全面实现设计电脑化、生产自动化、管理信息化。

思考与练习

1. 缝纫机按照驱动方式可以分为（　　）。

A. 家用缝纫机、服务行业用缝纫机和工业用缝纫机

B. 手摇缝纫机、脚踏缝纫机和电驱动缝纫机

C. 锁式线迹缝纫机和链式线迹缝纫机

D. 人工驱动缝纫机、工业缝纫机和全自动缝纫机

2. （　　）发明了脚踏式缝纫机。

A. 托马斯·山特　　　　B. 李鸿章

C. 爱迪生　　　　D. 胜家公司

3. 以下不属于第四代缝纫机的主要特征是（　　）。

A. 使用工业软件编程和工业控制技术控制缝制轨迹

B. 设备自动化程度高

C. 能够适用PVC模板等多种工装夹具

D. 只能缝制设备自带的有限种花型，并且缝制面积较小

4. 简述前三代缝纫机和第四代缝纫机的区别。

5. 简述缝纫机的发展趋势。

理论基础——

电驱动缝纫机简介及分类

课题名称： 电驱动缝纫机简介及分类

课题内容： 1. 普通电动缝纫机

2. 全自动缝纫机

课题时间： 4课时

教学目的： 了解普通电动缝纫机和全自动缝纫机

教学方式： 课堂授课

教学要求： 1. 了解普通电动缝纫机和全自动缝纫机的种类和代表机型及用途。

2. 知道全自动缝纫机的特色和优势。

课前（后）准备： 查阅相关资料，找到其他类型缝纫机，作为知识拓展。

第二章 电驱动缝纫机简介及分类

目前服装、家纺等企业使用的缝纫机，已经淘汰了完全靠人力驱动的脚踏式缝纫机和手摇式缝纫机，进入了电驱动时代。电驱动缝纫机具有体积小巧、使用简便、生产效率高等特点。电驱动缝纫机我们将它分为两大类，即普通电动缝纫机和全自动缝纫机。本章重点介绍普通电动缝纫机和全自动缝纫机这两大类缝纫机多种机型的使用范围、主要结构和功能特点等。

第一节 普通电动缝纫机

一、普通电动缝纫机基本介绍

普通电动缝纫机是以电机为动力源，能够实现自动剪线、自动抬压脚等功能的自动化设备。早期的电动缝纫机需要靠人工控制线迹和针步。改进后的电动缝纫机通过电脑控制，按照设备自带的花型自动缝制产品。普通电动缝纫机生产效率有了很大提高，但是还存在花型有限、缝制面积小等局限性。

二、普通电动缝纫机分类

普通电动缝纫机按照适用范围可以分为通用缝纫机、专用缝纫机、装饰用缝纫机和特种缝纫机四大类，每一种类型的缝纫机都有其适用的应用范围（图2–1）。

1. 通用缝纫机

通用缝纫机是服装等企业生产中适用面较广的设备，主要包括工业平缝机、家用缝纫机、服务行业缝纫机、包缝机、链缝机和绷缝机等。平缝机分为普通平缝机、中高速平缝机、高速平缝机、半自动平缝机和全自动平缝机。包缝机分为三线包缝机、四线包缝机和五线包缝机。

2. 专用缝纫机

专用缝纫机是用于完成某种专用缝制工艺的设备，主要包括锁眼机、套结机、钉扣机、暗缝机、双针机、自动开袋机等。锁眼机可分为平头锁眼机和圆头锁眼机，其中平头锁眼机又可分为普通平头锁眼机、中高速平头锁眼机、高速平头锁眼机和自动连续平头锁眼机；圆头锁眼机可分为普通圆头锁眼机、中高速圆头锁眼机、高速圆头锁眼机和自动连续圆头锁眼机。套结机可分为CEI—1型套结机和CEI—2型套结机。钉扣机可分为高速平缝钉扣机、无过线钉扣机和自动送扣钉扣机。

3．装饰用缝纫机

装饰用缝纫机是用于缝制各种装饰线迹及缝口的设备，主要包括电脑绣花机、曲折缝纫机、月牙机和花边机等。

4．特种缝纫机

特种缝纫机是能够按照设定的工艺程序、自动完成严格作业循环的设备，主要包括自动开袋机、自动绱袖机、自动缝小片机和花样机等。

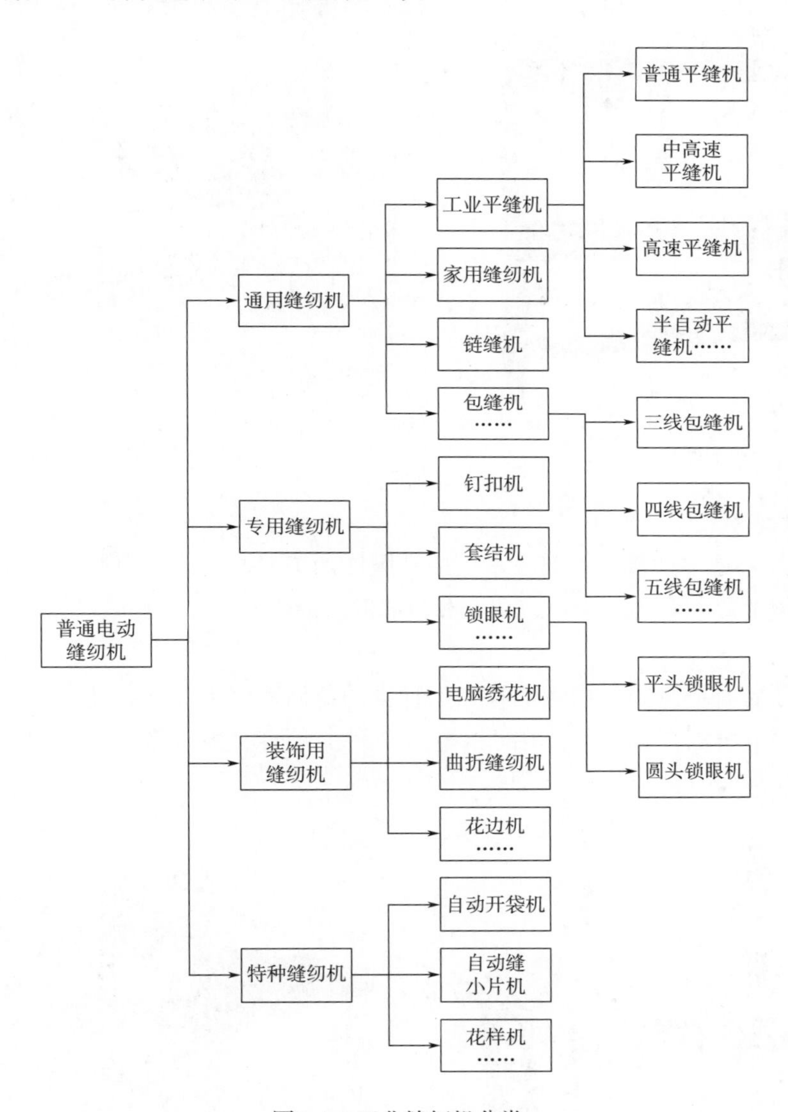

图2-1　工业缝纫机分类

三、普通电动缝纫机代表机型

1．平缝机

平缝机是缝纫设备中最基本的机型，应用领域广，普及程度高（图2-2）。

2. 钉扣机

钉扣机是专用工业缝纫机。钉扣机用于完成有规则形状纽扣的缝钉和有“钉、滴”缝纫工艺的作业，如钉商标、标签、帽盖等（图2–3）。

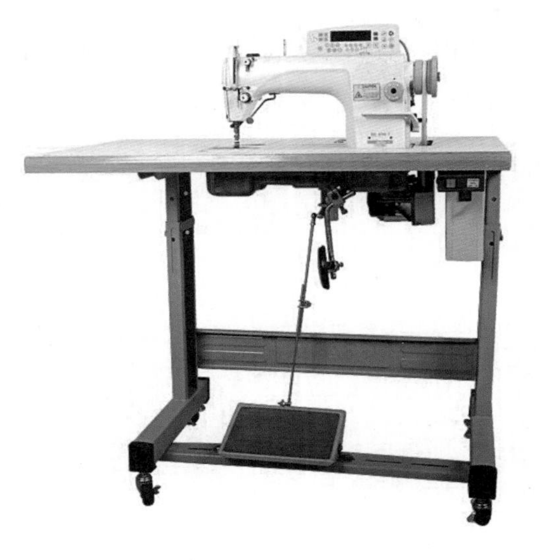

图2–2　平缝机

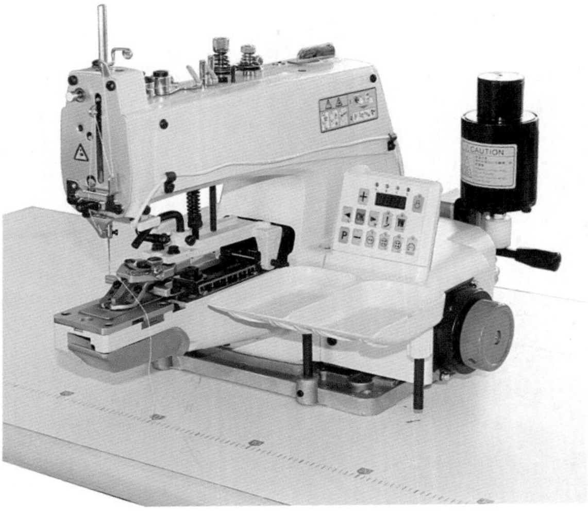

图2–3　钉扣机

3. 超声波花边机（图2–4）

超声波花边机是一种将超声波技术应用到服饰加工的设备。超声波花边机广泛应用于服装、纺织等领域的皮衣花边、窗帘、裙摆和口罩等产品上。

4. 花样机

花样机属于特种缝纫机，内部储存固定种类的花型，用于缝制线迹比较复杂、转角较多的不规则产品。花样机已经广泛应用于箱包、皮件、制鞋、服装等产品高难度环节的生产上（图2–5）。

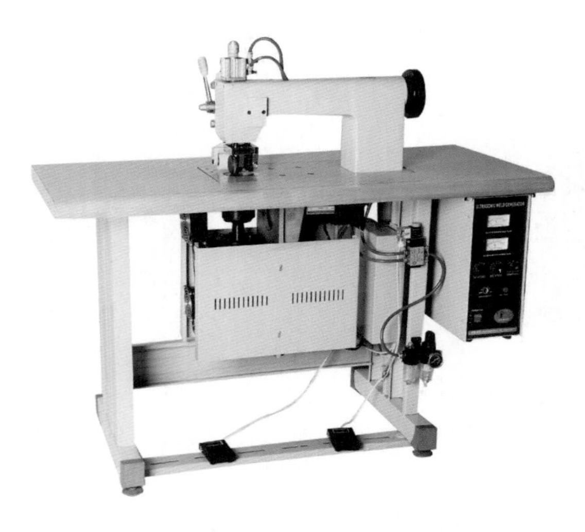

图2–4　超声波花边机

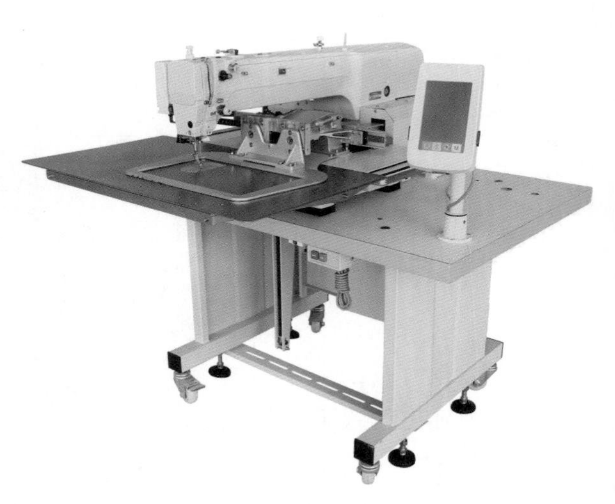

图2–5　花样机

第二节　全自动缝纫机

一、全自动缝纫机基本介绍

全自动缝纫机突破了工业缝纫机在缝纫面积和优秀技术工人等方面的限制，通过使用工业软件编程和工业控制技术驱动控制缝制轨迹，实现了精密、复杂的缝制。本节重点介绍服装专用缝纫机、全自动缝切（激光）一体机、智能图形识别全自动缝纫机等设备的使用范围、结构和功能特点等。

二、全自动缝纫机分类

全自动缝纫机可以分为专用缝纫机、多加工单元结合的全自动缝纫机、多轴智能缝纫机和智能机器人缝纫机等多种机型（图2-6）。

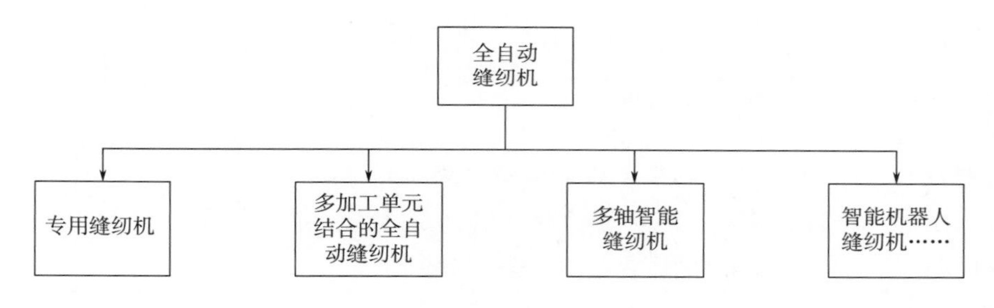

图2-6　全自动缝纫机分类

三、全自动缝纫机代表机型

1. 服装专用缝纫机

服装专用缝纫机是全自动缝纫设备，能够完成夹模板、自动缝纫等操作，适用于服装、家具内饰、床上用品等双层或多层布料的缝制（图2-7）。

图2-7　服装专用缝纫机

2. 材料缝纫与切割等加工单元结合的全自动缝纫机

如图2–8所示为全自动缝切（激光）一体机，是自动缝纫到自动切割全面一体化操作设备。

如图2–9所示为全自动冲缝一体机，是用于皮革等缝料冲孔并缝制的全自动缝纫设备。

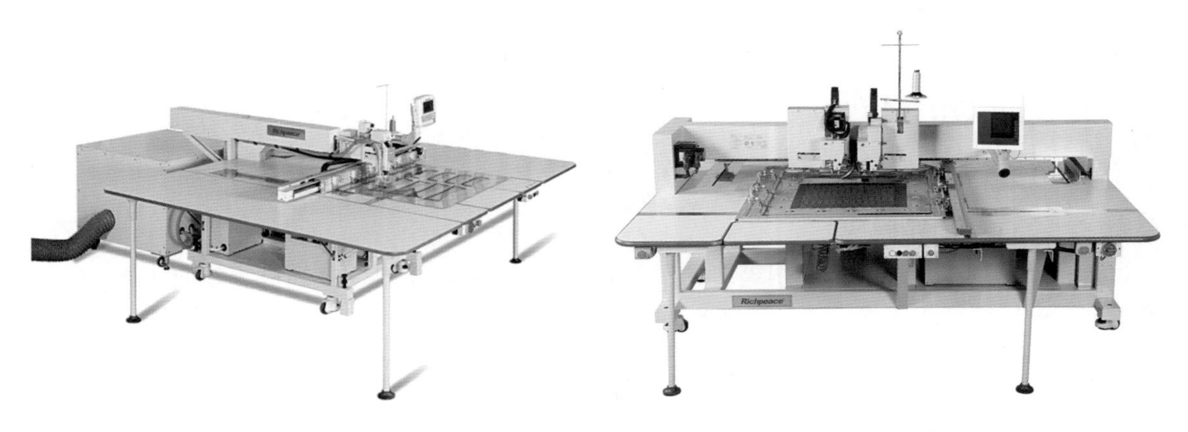

图2–8　全自动缝切（激光）一体机　　图2–9　全自动冲缝一体机

3. 材料缝纫与智能识别单元结合的全自动缝纫机

如图2–10所示为智能图形识别全自动缝纫机，是从识别缝制图案、自动生成花样数据、自动匹配缝纫花型到自动缝纫的全面一体化操作设备。

4. 多轴智能缝纫机

如图2–11所示为全自动旋转机头缝纫机，是在普通全自动缝纫机基础上增加了机头旋转功能，保证缝纫线迹始终是最好状态的缝纫设备。

5. 智能机器人缝纫机

如图2–12所示为3D智能机器人缝纫机，能够在立体空间内完成对产品的缝制。

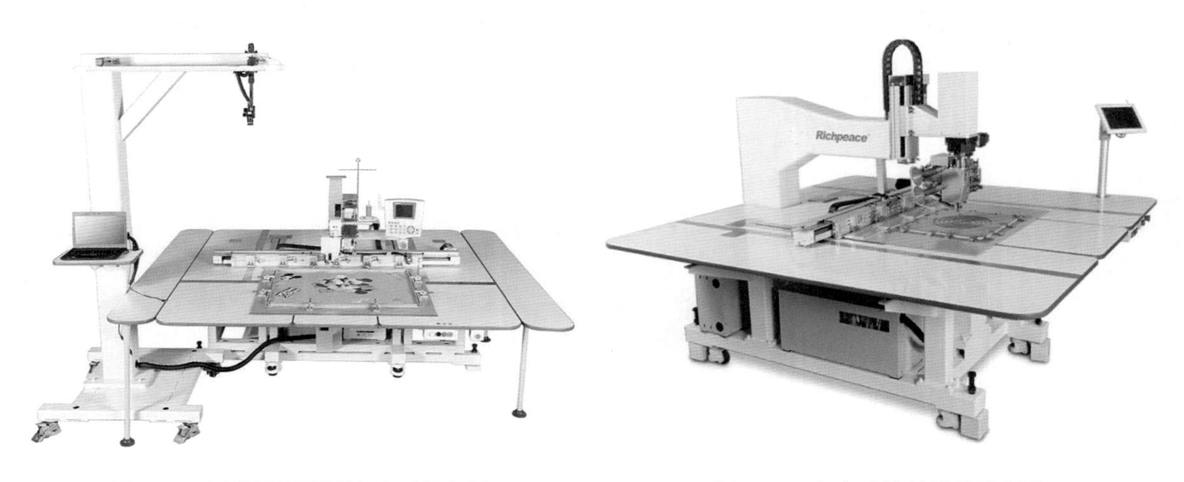

图2–10　智能图形识别全自动缝纫机　　图2–11　全自动旋转机头缝纫机

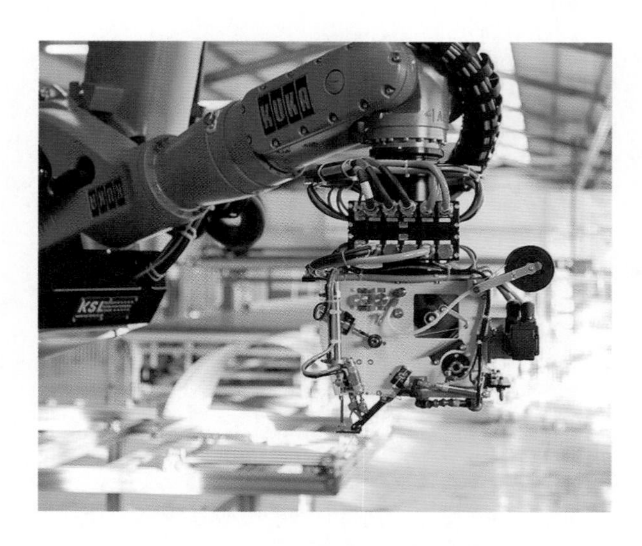

图2-12　3D智能机器人缝纫机

思考与练习

1. 以下缝纫机不属于全自动缝纫机的是（　　）。

A. 服装专用缝纫机　　B. 超声波花边机

C. 3D 智能机器人缝纫机　　D. 全自动冲缝一体机

2. 以下不属于花样机的特色是（　　）。

A. 设备储存了固定数量的花型　　B. 应用于线迹复杂的产品

C. 可以用 U 盘输入新的花型　　D. 缝制产品的面积较小

3. 简述全自动缝纫机的分类及代表机型。

训练与实践——

全自动缝纫机的操作

课题名称： 全自动缝纫机的操作

课题内容： 1. 全自动缝纫机的主要结构

2. 安全检查

3. 全自动缝纫机的基本操作

4. 按钮及指示灯

5. 全自动缝纫机重点零部件功能介绍

6. 全自动缝纫机操作界面介绍

7. 全自动缝纫机触摸屏操作案例

课题时间： 23课时

教学目的： 学习全自动缝纫机操作相关知识

教学方式： 课堂授课与实际操作相结合

教学要求： 1. 理解全自动缝纫机的主要结构和功能。

2. 知道缝纫机操作界面的重要按键功能。

3. 掌握全自动缝纫机简单产品的缝制方法。

课前（后）准备： 参观、操作全自动缝纫机。

第三章　全自动缝纫机的操作

如何正确、快速地使用全自动缝纫机缝制产品是缝纫机使用的核心问题。本章主要介绍缝纫机的主要结构、重要零部件功能以及操作面板的界面介绍和典型产品的缝制流程，目的是解决实践中如何正确使用全自动缝纫机的问题。

第一节　全自动缝纫机的主要结构

常用的全自动缝纫机主要结构差别不大，本节以服装类全自动缝纫机为例，介绍全自动缝纫机的结构。

一、服装类缝纫机简介

服装类全自动缝纫机是从夹模板、自动缝纫全面一体化操作设备，适用于服装和服装类裁片部件的双层或多层布料的缝制。

服装类全自动缝纫机属于比较基础的全自动缝纫机，设备自动化程度高，一个操作人员可以同时负责多台机器。通过使用工业软件编程和工业控制技术控制缝制轨迹，解放人手的同时实现了精密、复杂的缝制，缝制品质的一致性得到确实保障，还能够使用多种、复杂的工装夹具。

二、全自动缝纫机的主要结构

服装类全自动缝纫机由操作屏、X向导轨与模板固定装置、台板、缝纫机头、驱动器、电控箱、旋梭机构、模板Y向驱动电机和Y向导轨及主轴电机等零部件组成，如图3-1所示。

1. 操作屏

操作屏是使用者控制机器的窗口，通过操作屏可以更换缝纫的花型、操作缝纫机、修改设备参数等。

2. X向导轨与模板固定装置

模板固定装置是用来固定缝料和模板，带动缝料和模板X向运动，完成产品的缝制。

3. 台板

工作台面用于放置模板和缝料，设有工作台板，方便人工操作。

4. 缝纫机头

缝纫机头是用于刺穿材料，将面线送到材料下方。和旋梭配合实现勾线，完成产品缝制，如图3-2所示。

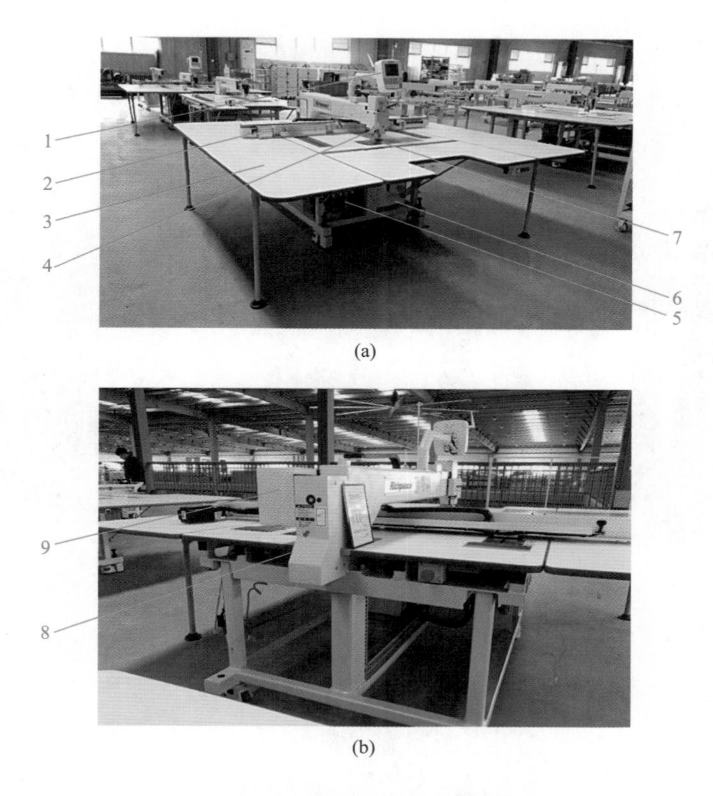

图3-1　服装类全自动缝纫机图

5. 驱动器

驱动器是用来控制伺服电机的一种控制器，通过位置、速度和力矩三种方式对伺服电机进行控制，实现高精度的传动系统定位，如图3-3所示。

6. 电控箱

电控箱是全自动缝纫机控制元件集成区域，用来控制全自动缝纫机的工作状态，实现全自动缝纫机自动工作，如图3-4所示。

7. 旋梭机构

旋梭机构主要由旋梭箱、旋梭、勾线装置、剪线装置等组成。旋梭机构和缝纫机头配合实现勾线，完成产品缝制，如图3-5所示。

8. 模板Y向驱动电机和Y向导轨

模板Y向驱动电机通过传动轴和Y向导轨带动缝料和模板Y向运动，完成产品缝制。

9. 主轴电机

主轴电机根据电控箱发出的控制指令通过传动轴带动缝纫机头和旋梭箱运转工作，完成产品缝纫，如图3-6所示。

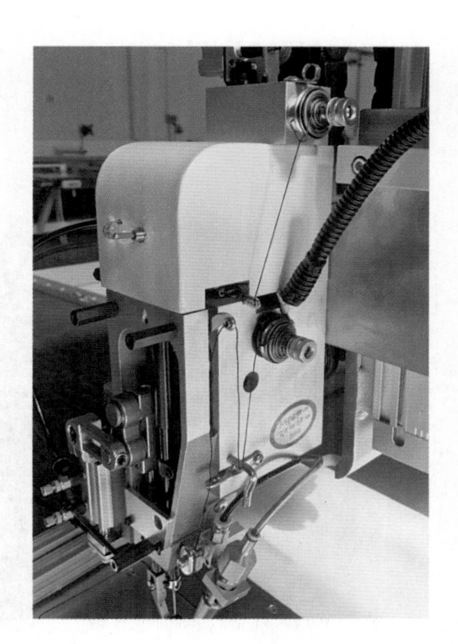

图3-2　缝纫机头

10．升降滑台

有些全自动缝纫机会配置升降滑台，机头随升降滑台上下运动，防止在移动缝框的过程中与机头发生碰撞，如图3-7所示。

图3-3　驱动器

图3-4　电控箱

图3-5　旋梭机构

图3-6　主轴电机

图3-7　升降滑台

第二节　安全检查

安全检查是发现和消除事故隐患、落实安全措施、预防事故发生的重要手段。在企业的安全生产管理中，安全检查占有非常重要的地位。安全检查要对生产过程中影响正常生产的各种因素，如工作环境、设备等进行调查，发现不安全因素，消除事故隐患，把可能发生事故的安全隐患消灭在萌芽状态，做到防患于未然。

一、工作环境检查

工作环境检查是安全检查重要内容之一，检查设备周边是否存在安全隐患，及时解决相关问题，保证操作人的安全。

（1）检查设备周边及设备上是否存在影响设备正常生产的物品。比如，设备传动部件或者执行部件运动的范围内，禁止放置影响设备运行的物品等。

（2）将多余电线、气管等整理打包并固定，避免操作人在使用设备时，不小心绊倒，发生事故，如图3-8、图3-9所示。

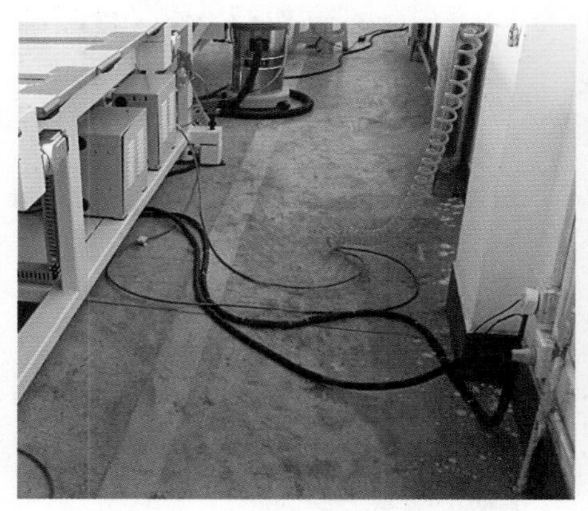

图3-8　电线杂乱

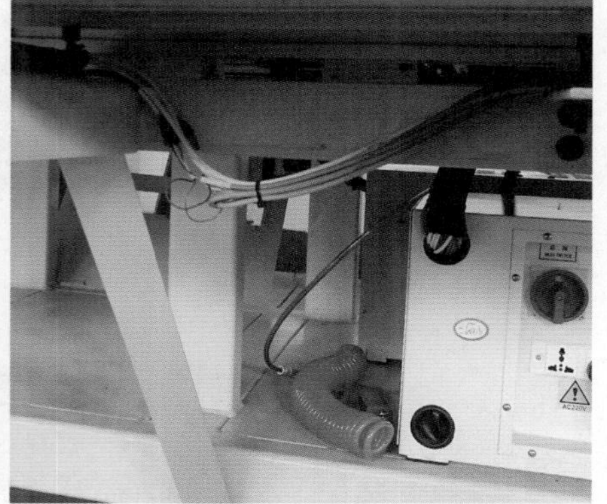

图3-9　电线绑紧

（3）设备的防护设施齐全，危险位置标识完整醒目等，如图3-10所示。

二、设备检查

安全检查是设备能够正常使用和开展生产工作的必要条件，设备出现问题后，轻则造成产品损毁，重则影响人身安全。

（1）按设备四个角落，检查设备是否稳固，如图3-11、图3-12所示。

（2）检查机头保护罩等是否安装，如图3-13、图3-14所示。

（3）检查连接件、固定件等是否牢靠，如图3-15所示。

（4）检查台板上是否有杂物，避免工作时出现故障，如图3-16、图3-17所示。

图3-10　危险位置指示标识

图3-11　未放置定位块

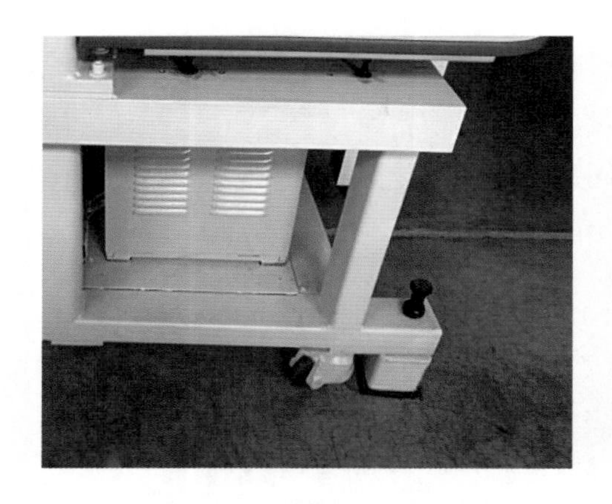

图3-12　设备放置稳固

图3-13　保护罩未安装

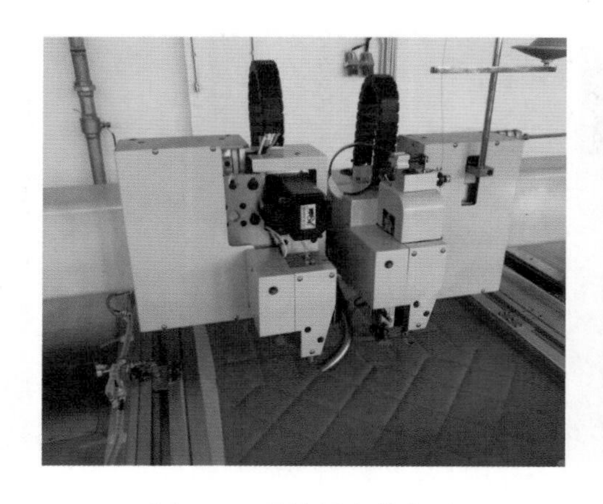

图3-14　保护罩安装牢固

图3-15　连接件连接牢靠

（5）查看工作台板是否升起，如图3-18、图3-19所示。

（6）检查小针板上螺钉是否紧固，如图3-20所示。

（7）查看梭芯是否放置到位，如图3-21所示。

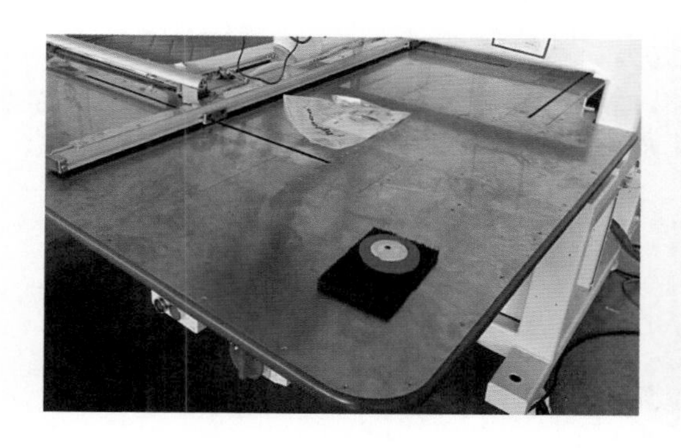

图3-16　台板放置杂物

图3-17　台板干净

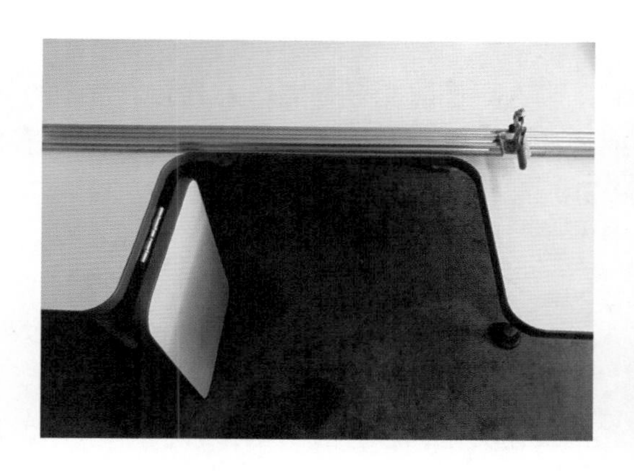

图3-18　工作台板未升起

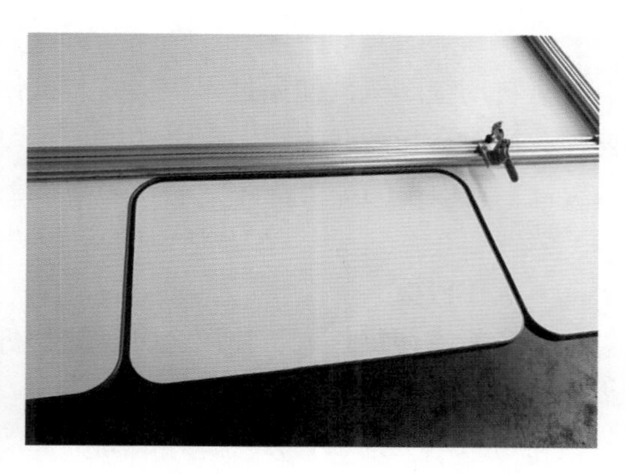

图3-19　工作台板升起

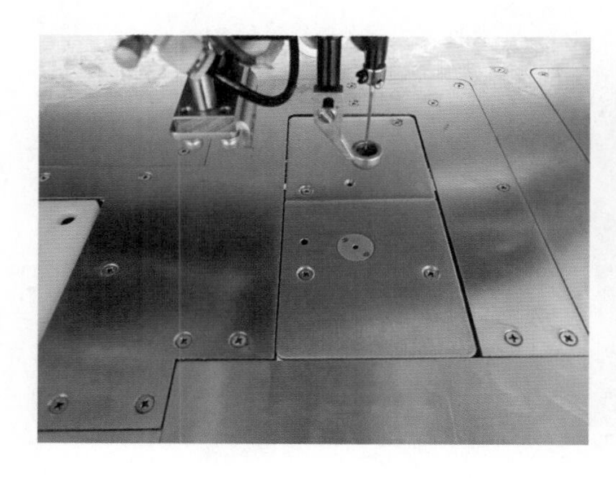

图3-20　小针板

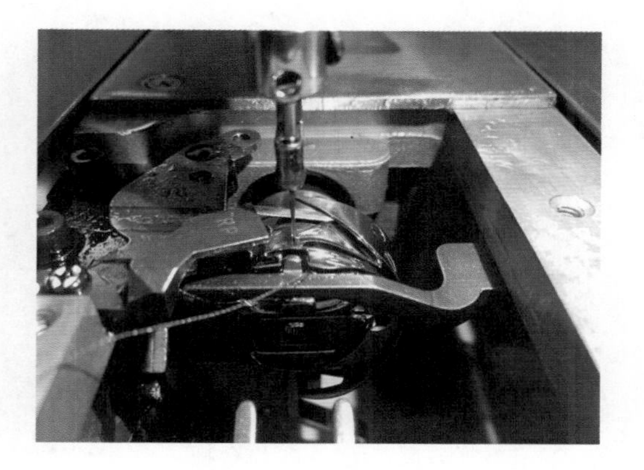

图3-21　旋梭

（8）查看电源、气压是否符合工作要求，电源插座等连接是否紧密、牢靠。

（9）正式工作前，设备空运行，倾听是否有异响。

（10）运行过程中，检查电动机、皮带、机头等运行是否正常。

（11）夏天发现电机、电器柜等温度过高，及时关停设备降温；冬天寒冷，会导致润滑油凝固，先空车运行一定时间，再正式生产。

三、操作人员注意事项

安全检查的目的是保护操作者的人身安全，所以操作人员在生产过程中也应该增强安全意识，保护自身安全。

（1）按照规章要求，佩戴劳保用品。

（2）严格按照操作手册使用设备。

（3）设备运行时，严禁触摸设备运转位置，严禁在运行位置附近打扫卫生和清料等行为。

（4）定期参加安全培训，提高安全意识。

第三节　全自动缝纫机的基本操作

在全自动缝纫机的使用过程中，安装机针和压脚、更换梭壳等是操作人员必须掌握的基本操作，同时台板的状态、控制屏的朝向和照明灯的角度等正常调节是保证缝制正常进行和有效提高生产效率的重要条件。本节重点介绍缝纫机的基本操作。

一、工作台板

工作台板方便操作人员使用全自动缝纫机，也使维修更加便捷。机器正常工作时，工作台板的状态如图3-22所示。

工作台板调节方法，打开工作台面下面的红色快速夹钳，轻轻放下工作台板即可，快速夹钳如图3-23所示。

图 3-22　工作台板

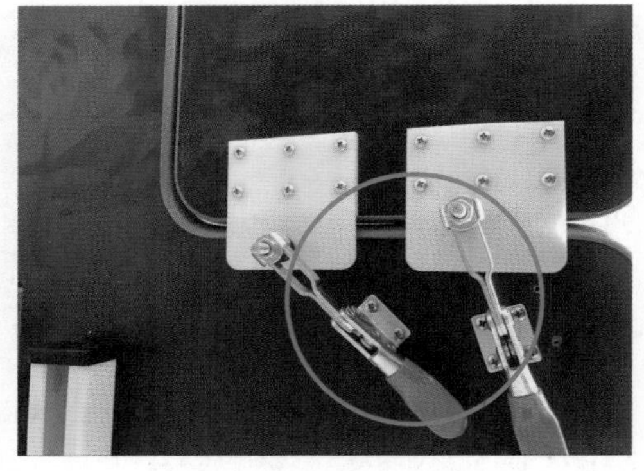

图3-23　快速夹钳

台板支撑立柱能够保证全自动缝纫机在长时间工作状态下工作台面依然平整，没有变形，如图3-24所示。台板支撑立柱可调节长短，把立柱调节到比正常工作长度短时，可将其取出，将两侧台板放下来方便维修运输。

二、机器触摸屏

触摸屏是可以调节的，能够满足操作人员在多个位置输入工作指令触摸屏。调节方法是首先松开触摸屏后方支架上的旋转把手，然后转动操作屏，调节到方便操作的方向。调节完毕后，将操作屏后方支架上的旋转把手拧紧。操作屏及其把手如图3-25所示。

图3-24　立柱

三、机头部位风冷装置和照明灯

风冷装置通过向缝纫机针吹气起到冷却作用，防止缝纫机针由于摩擦起热而烫断缝纫线。风冷装置可以通过旋转气缸调速阀的旋钮来控制气流的大小，通过螺栓调节风冷装置喷嘴吹气方向。

照明灯可以帮助操作人员在黑暗环境下清楚地观察机头工作状态，如是否断线、线迹是否合格等。照明灯可以通过安装位置的螺栓调节照明灯所照亮的区域，如图3-26所示。

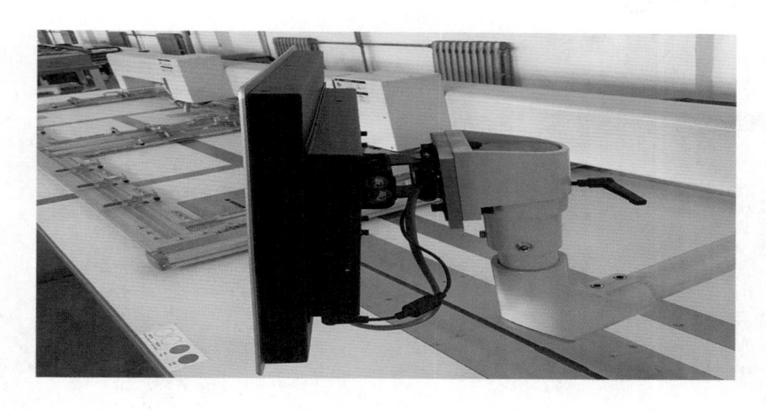

图3-25　触摸屏

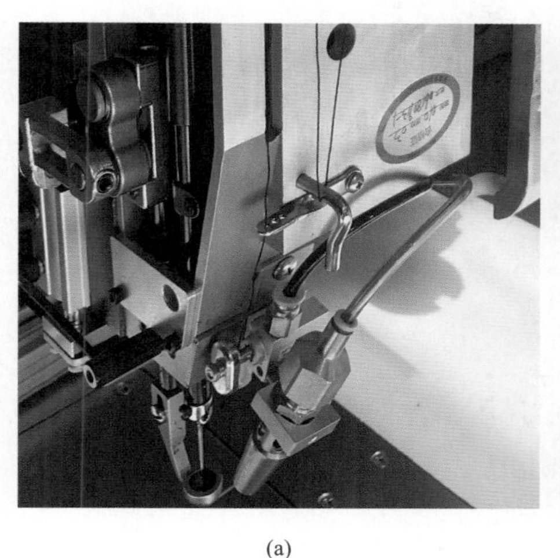

(a)

(b)

图3-26　照明灯

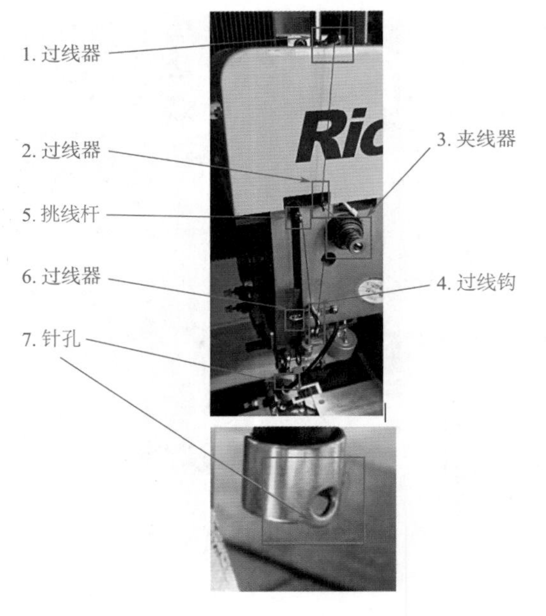

图3-27 穿线流程图

四、穿线流程

按照以下顺序穿线：过线器→过线器→夹线器→过线钩→挑线杆→过线器→针夹孔→将线穿到针孔中，如图3-27所示。

五、更换压脚

先用一字螺丝刀松开如图3-28圆圈中的螺丝，更换新的压脚放好，再将螺丝拧紧。由于压脚安装位置是长槽孔，所以安装时需根据现场使用情况调节压脚安装高度。

六、更换针

松开如图3-29所示下方红色箭头所指的螺丝，更换新的机针，再拧紧螺丝。安装时需要注意观察图3-29所示上方绿色箭头所指的洞，检查

图3-28 压脚固定螺丝

图3-29 机针安装位置图

机针是否安装到位，再拧紧螺丝。在安装机针的时候要注意机针的方向，机针的凹槽要对准旋梭尖的方向，如图3-30所示。

七、更换气缸压脚

松开如图3-31圆圈中的螺栓，更换新的气缸压脚，并拧紧螺栓。安装时需要注意气缸压脚安装位置，是长槽孔，安装时需根据现场使用情况，调节安装高度。

八、更换梭芯

首先将缝纫机头归零，让机针抬起到高位，接着将锁芯的缝线拉出5cm左右；然后放

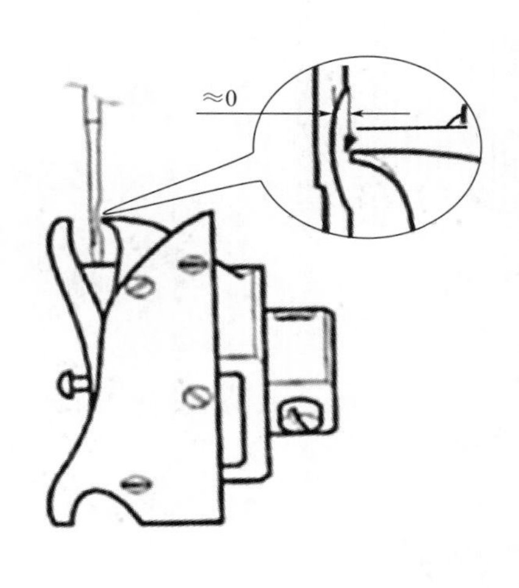

图3-30　机针安装方向图

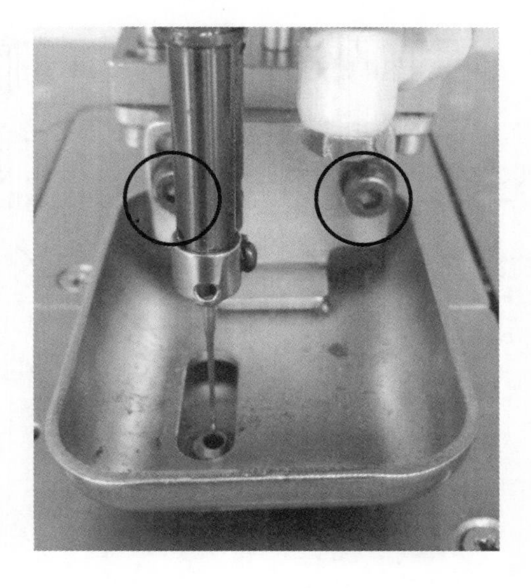

图3-31　气缸压脚安装图

入梭壳内，底线通过细槽，经过导线片，将底线拉出，如图3-32所示，最后扳起如图3-33所示的抓片，放入旋梭内。安装后如图3-34所示。

将底线绕在梭芯上时，注意绕在梭芯上的底线不可超过梭芯可容量的90%，过多的底线往往不能平滑地传送底线。如图3-35所示，图（a）绕线正确，其余（b）（c）（d）三图绕制不好，会引起断线、卡线。

底线张力可以通过调整图3-36所示圆圈内的螺钉，来调整底线松紧度。

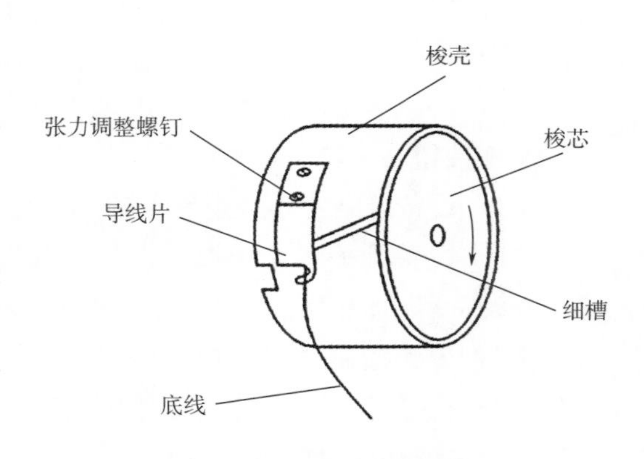

图3-32　穿线位置图

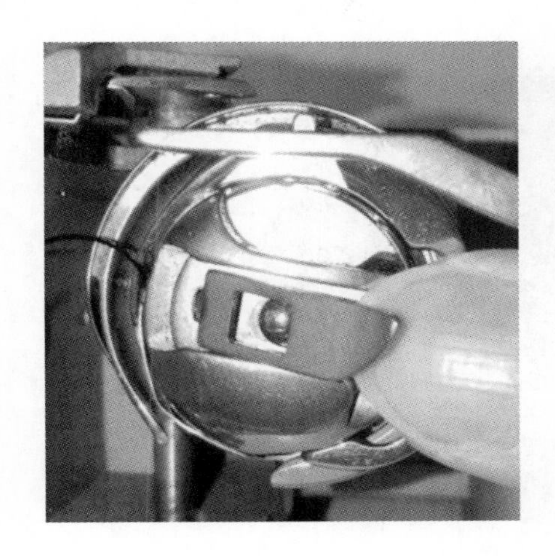

图3-33　梭壳抓片

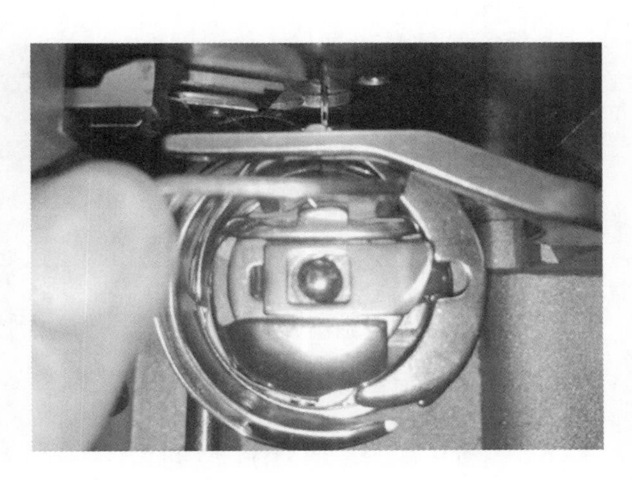

图3-34　正确更换旋梭

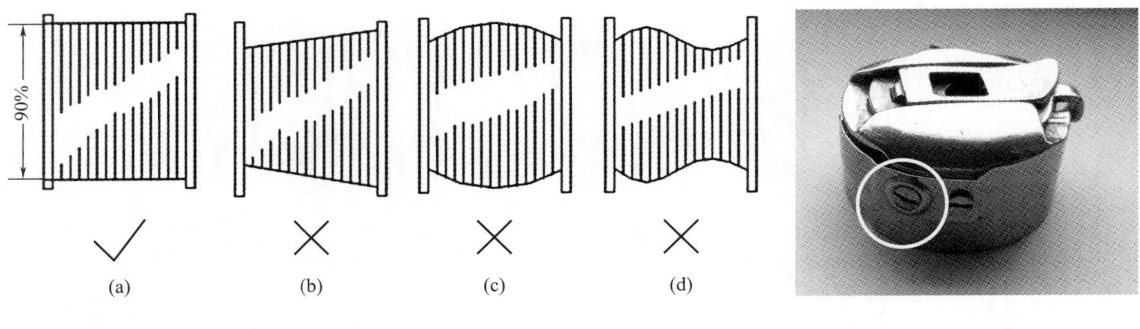

图3-35　锁芯绕线图　　图3-36　调整螺钉

第四节　按钮及指示灯

全自动缝纫机种类和机型繁多，每种设备都有各自的特色，但是按钮和指示灯作用有一定的相似之处。本节以服装类全自动缝纫机为例，结合其他机型，选择代表性的按钮和指示灯进行介绍。

一、按钮

（1）设备总闸：用于控制设备是否通电，如图3-37所示。

（2）设备开关：用于控制设备是否启动，包括电气部分和机械部分。按绿色（左侧）按钮，设备启动；按红色（右侧）按钮，设备关闭，如图3-38所示。

（3）设备控制开关：白色按钮是气框按钮，用于控制松开模板和夹紧模板；黑色按钮是穿线按钮，按下按钮机针升高使缝纫线穿过机针孔更加便捷；红色按钮是缝纫暂停按钮；绿色按钮是缝纫启动按钮，如图3-39所示。

（4）急停按钮：发生紧急情况后，快速按下此按钮，设备立即停止运行，达到保护的目的，如图3-40所示。

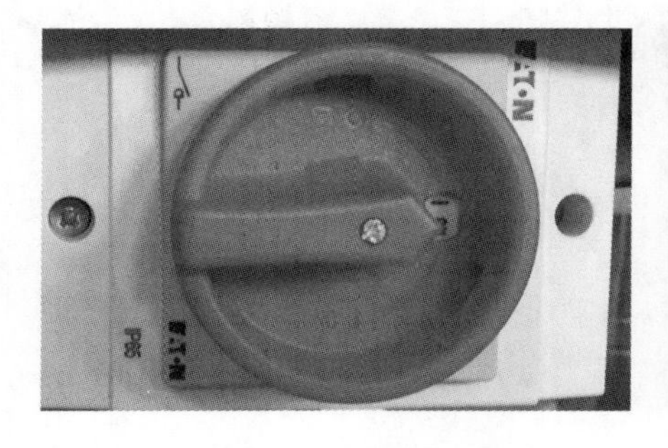

图3-37　设备总闸

图3-38　设备开关

（5）拨动开关，此开关有以下功能。

①拨动开关向上拨动，控制机头升降。

图3-39 设备控制开关

②拨动开关向下拨动，控制机头是否工作。当缝纫机有多个机头时，此功能可以选择其中的一个或者多个机头是否参与缝纫，如图3-41所示。

图3-40 急停按钮

图3-41 拨动开关

二、指示灯

（1）设备指示灯：设备总闸开启后，设备指示灯亮，表示设备已通电，如图3-42所示。

（2）机头指示灯：左侧指示灯是模板到位检测指示灯。模板放置不到位，指示灯会亮蓝光；模板放置到位，指示灯不发光。右侧指示灯为面线断线检测指示灯，面线断线，该指示灯亮红光并闪烁；不断线，该指示灯亮绿光，如图3-43所示。

图3-42 设备指示灯

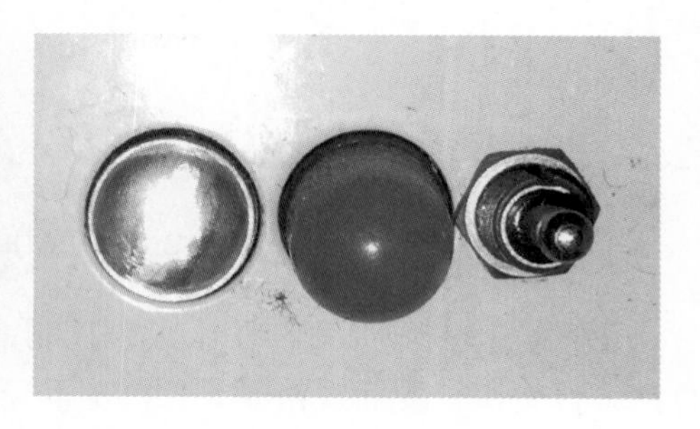

图3-43 机头指示灯

第五节 全自动缝纫机重点零部件功能介绍

全自动缝纫机通过多个零部件协调配合，实现自动高效地自动缝纫，每个零部件都有其特定的功能。本节介绍全自动缝纫机的重要零部件功能及其控制方法。

一、上、下夹线装置

上夹线装置能够根据控制系统指令控制夹线片的开合，来控制不同方向的线迹的松紧度，位置如图3–44所示的上夹线位置。夹线装置适用于缝制线迹方向变换较多的产品，产品样例如图3–45所示。

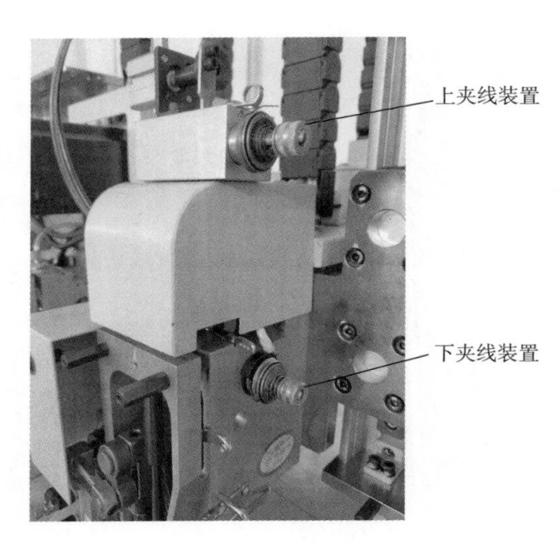

图3–44 上、下夹线装置

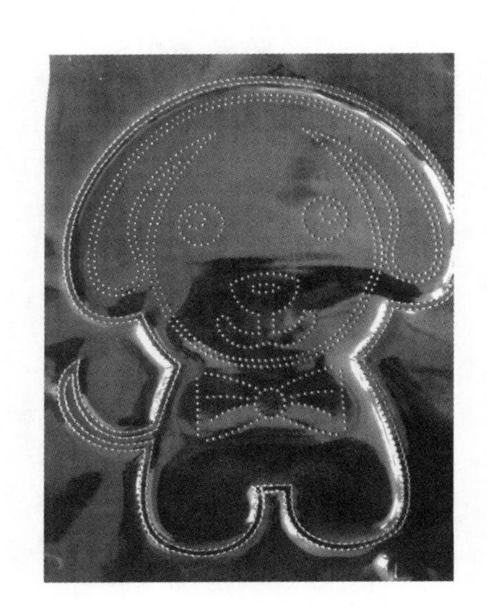

图3–45 产品样例图

在“机器参数设置”中的“冲缝参数”界面的“第二松面线装置选择”，位置如图3–46所示。

位置参数 速度参数 轴配置 配置参数 配置参数 配置参数 机器参数 冲缝参数

第二松面线装置选择
无松线装置
气缸
电磁铁

冲孔机头偏移X -20500 0.01mm
冲孔机头偏移Y 0 0.01mm
x可缝纫区域负边界 12500 0.01mm

发送机器参数
复位为初始参数

图3–46 上夹线控制位置

下夹线装置，正常状态下靠弹簧自动压紧，控制面线的松紧程度。顺时针旋转旋钮，使面线更紧；逆时针旋转旋钮，使面线松开，如图3–44所示下夹线位置。

在“工作参数设置”中的“工作参数［2］”界面的“剪线时动作允许”，设置成“松线允许”，剪完线后，可以使面线线头更长，减小起针时底线不被带上概率，位置如图3-47所示。

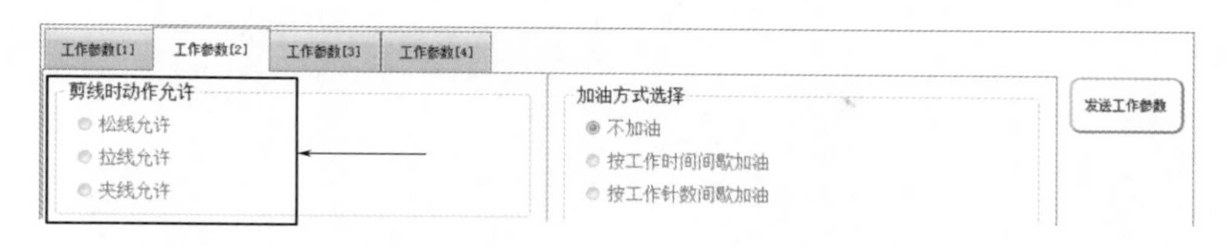

图3-47 下夹线控制位置

二、风冷装置

缝制的过程中，风冷装置的气嘴喷出高速气体吹向机针，降低机针的温度。风冷装置防止机针温度过高，频繁断线，如图3-48所示。

三、面线夹紧装置

全自动缝纫机缝制完成一条完整线迹剪线后，面线夹线装置自动夹紧面线线头，防止缝纫下一条线迹起针时，由于面线线头过长，不能有效控制，在样品的背面形成线团，影响美观。面线夹紧装置如图3-49所示，产品缝制效果如图3-50所示。

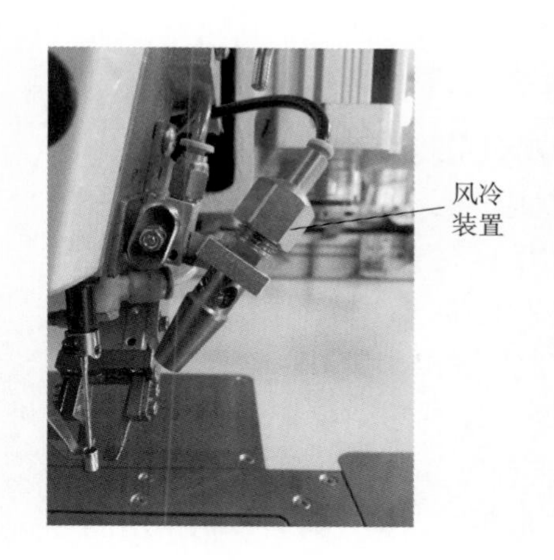

图3-48 风冷装置

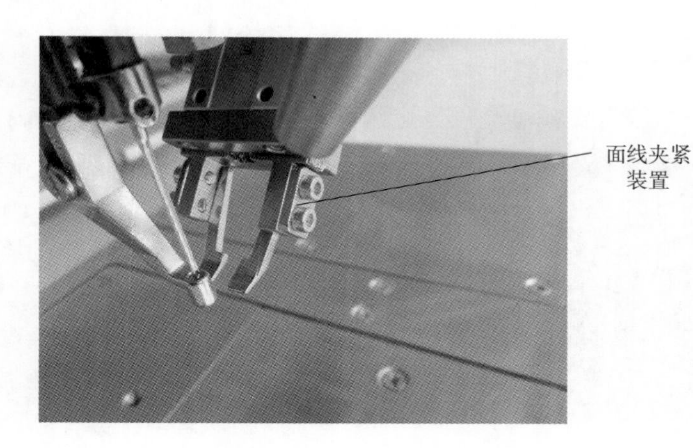

图3-49 面线夹紧装置

四、起针夹线装置

在每一条线的起针时，起针夹线装置快速夹紧面线，缝纫线头会被带到裁片的反面，使得裁片上面没有线头，如图3-51所示。

在“工作参数设置”中的“工作参数［1］”界面的“起针动作允许”，设置成“夹线允许”，起针夹线，能够让裁片上表面没有线头，不需要工人二次修剪。起针夹线装置控制位置如图3-52所示。

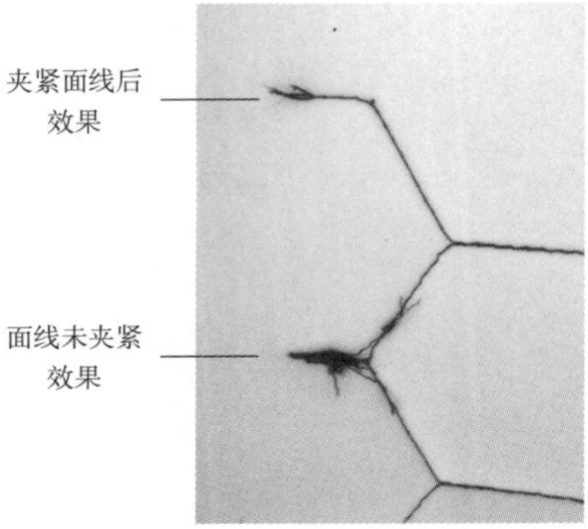
夹紧面线后
效果
面线未夹紧
效果

图3-50 缝制产品效果对比

图3-51 起针夹线装置

工作参数[1]
工作参数[2]
工作参数[3]
工作参数[4]
发送工作参数
主轴缝纫转速：
1200
r/min
主轴剪线转速：
120
r/min
主轴回针转速：
300
r/min
启动慢动转速：
300
r/min
倒车等效转速：
1000
r/min
气框开关延时：
0
ms
动框起始角度：
28000
0.01度
动框持续角度：
15000
0.01度
起针慢动针数
3
针
起针动作允许
松线允许
顶线允许
夹线允许

图3-52 起针夹线装置控制位置

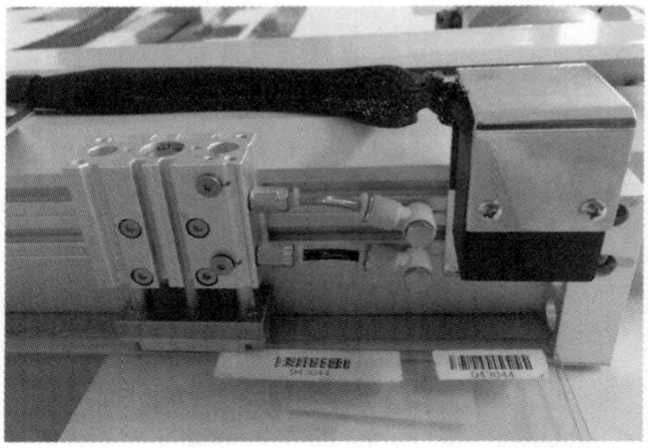

图3-53 条形码自动识别位置

五、条形码自动识别装置

将与条形码对应的线迹文件存储到电脑中，将粘贴好条形码的模板放置到缝框上，关闭气框开关，模板被夹紧，扫码器自动扫描条形码，将与之相同文件名的线迹文件导出，如图3-53所示。

在“冲缝参数”界面的“模板识别装置”，设置成“无识别装置”，条形码自动识别功能不启用，设置成“条形码”，条形码自动识别功能启用。条形码自动识别装置控制位置如图3-54所示。

位置参数
速度参数
轴配置
配置参数
配置参数
配置参数
机器参数
冲缝参数
第二松面线装置选择
无松线装置
气缸
电磁铁
模版识别装置
无识别装置
条形码
冲孔机头偏移X
-20500
0.01mm
冲孔机头偏移Y
0
0.01mm
x可缝纫区域负边界
12500
0.01mm
x可缝纫区域正边界
73100
0.01mm
y可缝纫区域负边界
9000
0.01mm
发送机器参数
复位为初始参数

图3-54 条形码自动识别装置控制位置

六、模板锁紧装置

模板锁紧装置能够将模板和缝料锁紧在驱动装置上，驱动装置带动模板和材料按缝纫轨迹移动，同时确保在缝制过程中模板和缝料不会出现移位，如图3–55所示。

七、模板到位检测装置

模板到位检测装置用于检测模板是否放置到正确位置，防止机针扎到模板。如果模板放置有偏差，控制屏会提示“模板不到位”，需要重新放置模板，如图3–56所示。

图3–55　模板锁紧装置

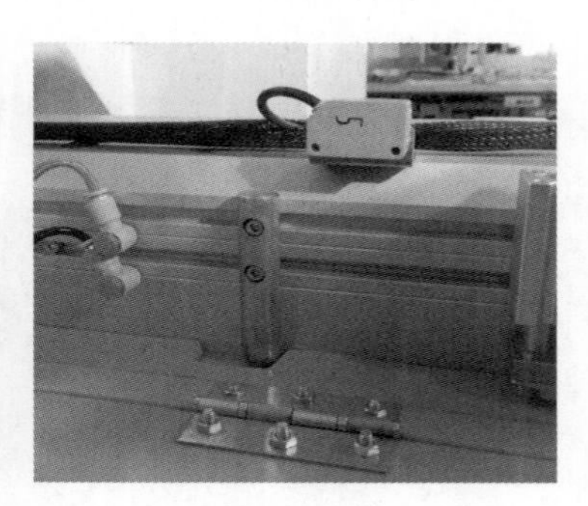

图3–56　模板到位检测装置

八、机头升降装置

机头升降装置用来控制机头的升降，如图3–57所示。机头升降装置上的伺服电机通过皮带带动丝杠转动，带动机头上升和下降。

在“工作参数设置”中的“工作参数［4］”界面的“缝纫间越框机头升降允许”，设置成“允许”，每缝完一条线越框的时候机头自动抬起；设置成“不允许”，每缝完一条线越框的时候机头不抬起。缝制材料厚度及模板的高度高于压脚，一般“允许”机头升降，防止压脚刮到缝料或模板。缝制材料厚度及模板的高度低于压脚，一般“不允许”机头升降，可以减少工作时间，进而提高工作效率。机头升降装置控制位置如图3–58所示。

图3–57　机头升降装置

九、气缸压脚装置

气缸压脚装置由气缸、压手、调速阀、限位块等组成，如图3–59所示。人工旋转调速阀的调速旋钮，控制压手的压紧模板的压力。此装置适用于开槽类双层模板，压紧模板，防止缝料在模板中移动，同时有效防止气缸压脚撞到模板。使用镂空的单层模板或铝框模板，可以不使用此装置。

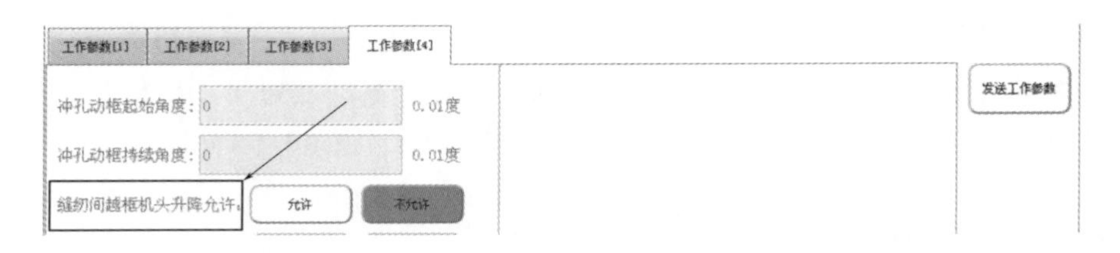

图3-58　机头升降装置控制位置

十、照明灯

照明灯能够方便操作工穿线，观察缝制情况，如图3-60所示。

图3-59　气缸压手装置

图3-60　照明灯

十一、压脚

压脚是缝纫机重要的零件，能够在缝料表面上施加压力，保证缝制的正常进行，如图3-61所示。

十二、缝纫机针

缝纫机针是缝纫机的重要组成零件，机针的品种繁多，如图3-62所示。缝制过程中，为了达到机针与缝料、缝线的理想配合，必须选择合适的机针。

图3-61　压脚

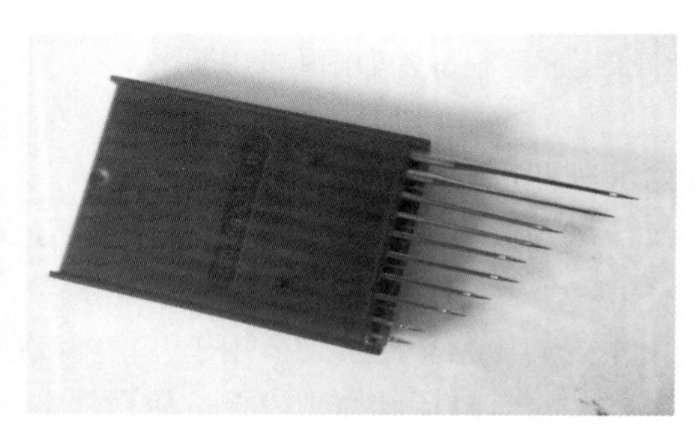

图3-62　缝纫机针

第六节　全自动缝纫机操作界面介绍

一、主页面介绍

主页面如图3-63所示。

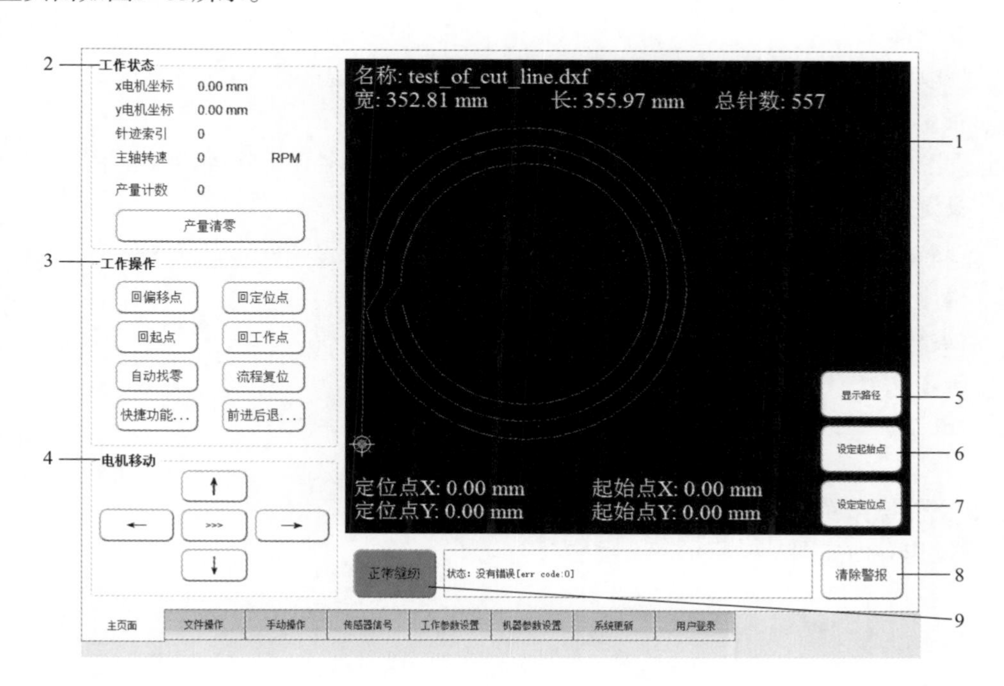

图3-63　主页面

1. LCD显示区

LCD显示区显示当前正在缝制的花样信息、机器状态、操作进度、工作转速，还可以根据功能的不同显示不同的界面信息。

2. 工作状态区域

通过此功能可以查看到产量计数、XY电机坐标、针迹索引、主轴转速。

3. 工作操作区域

该区域按键可以设置回偏移点、回定位点、回起点、回工作点、自动找零、流程复位、快捷功能和前进后退功能等。

偏移点是全自动缝纫机缝制结束后，缝框自动移动到的点，方便更换新的缝料，可以根据参数设置来改变偏移点的位置。

回定位点是模板随缝框回到设定的定位点。

起点是缝制产品第一针的位置，是预先在线迹中设置好的点。回起点即回到该位置。

工作点是设备缝制产品过程中，设备停止缝制的位置。主要应用在非正常停机的时移动缝框后，此时机器已经不在最初的停止位置，这时单击“回工作点”按键，缝框将自动移动至停机位置。

自动找零即是在X、Y、主轴等部位出现不在零位报警时，可以通过自动找零来实现回到机械零位。机械零位是在设备出厂前设置的。

4. **缝框移动**

可以通过上、下、左、右四个方向按键控制缝框移动方向，中间键是移框速度等级切换键，可以选择低、中、高三档。

5. **显示路径**

通过此功能键，可以显示花样缝制的过程，演示花样的进程。

6. **设定起始点**

通过此功能键，可以设定机器的起始点。起始点即是机器在正常运转时开始缝纫起点。

7. **设定定位点**

通过此功能键，可以设定机器的定位点，让模板定位孔与针板孔中重合。

8. **清除警报**

机器运转时，通过此功能键可以清除机器报错。

9. **正常缝纫**

显示机器工作状态。

二、文件操作界面介绍

文件操作界面如图3-64所示。

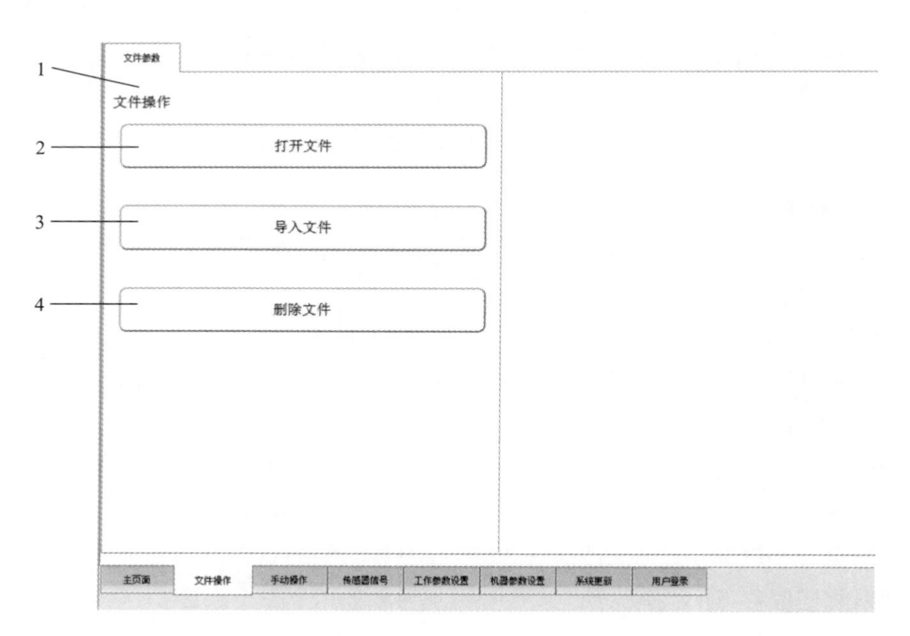

图3-64 文件操作界面

1. **文件操作区域**

该区域的功能键可以实现对缝纫花型文件导入和上传操作。

2. **打开文件**

通过此功能键，打开“软件（E）中的cut-file”文件夹，然后选择文件，即可打开相应的缝纫花型文件。

3. **导入文件**

通过此功能键，在下个界面单击“下一步”，然后打开相应的文件夹选择对应的文件，即可导入相应的缝纫花型文件。

4. **删除文件**

通过此功能键，可以进入“软件（E）中的cut-file”文件夹，然后选择文件，即可删除相应的缝纫花型文件。

三、手动操作界面介绍

手动操作界面分为电机动作界面、手动动作界面和测试动作界面。

（一）电机动作界面介绍

电机动作界面如图3-65所示。

1. **轴转速**

通过此功能键，可以设置全自动缝纫机主轴在手动控制正转或者反转时的转动速度。

2. **主轴电机**

通过该目录里的功能键，可以控制全自动缝纫机主轴伺服电机。

（1）归零：按下此功能键后，缝纫机头和旋梭自动回到其零位停车位置。缝纫机头和

电机动作　手动动作　测试动作

轴转速：	60 rpm	移动速度：	60 mm/s	XY电机移动速度等级：	>>>
主轴电机：	归零	使能开	使能关	主轴正转	主轴反转
冲孔主轴：	归零	使能开	使能关	冲孔主轴正转	冲孔主轴反转
梭电机：	归零	使能开	使能关	梭电机正转	梭电机反转
上旋转电机：	归零	使能开	使能关	上旋转电机正转	上旋转电机反转
下旋转电机：	归零	使能开	使能关	下旋转电机正转	下旋转电机反转
针电机：	归零	使能开	使能关	针电机正转	针电机反转
旋转电机：	归零	使能开	使能关	旋转电机正转	旋转电机反转
压脚电机：	归零	使能开	使能关	压脚电机正转	压脚电机反转
升降电机：	归零	使能开	使能关	升降电机上升	升降电机下降
X向移动电机：	X电机归零	X电机使能开	X电机使能关	X电机左移	X电机右移
Y向移动电机：	Y电机归零	Y电机使能开	Y电机使能关	Y电机上移	Y电机下移

主页面　文件操作　手动操作　传感器信号　工作参数设置　机器参数设置　系统更新　用户登录

图3-65　电机动作界面

旋梭机构是分体结构，分别由不同的伺服电机驱动，故主轴电机仅对机头产生作用使机头回到零位停车位置。

（2）电机使能开/电机使能关：控制伺服电机使能开关。伺服电机使能关闭时可以手动转动电机。伺服电机使能开时是对电机通电，在没有脉冲传递给电机时无法手动转动电机。

（3）主轴正转：按下此功能键后，伺服电机顺时正转。

（4）主轴反转：按下此功能键后，伺服电机逆时反转。

3. 冲孔主轴

该目录里的功能键可以控制带冲孔功能的全自动缝纫机冲孔主轴伺服电机。

（1）归零：按下此功能键后，冲孔机头自动回到其零位停车位置。

（2）电机使能开/电机使能关：控制伺服电机使能开关。伺服电机使能关闭时，可以手动转动电机。伺服电机使能打开时，无法手动转动电机。

（3）主轴正转：按下此功能键后，伺服电机顺时正转。

（4）主轴反转：按下此功能键后，伺服电机逆时反转。

4. 梭电机

缝纫机头和旋梭机构是分体结构，分别由不同的伺服电机驱动。这一类全自动缝纫机需要用到该目录里的功能键。这些功能键可以控制全自动缝纫机旋梭轴伺服电机。

（1）归零：按下此功能键后，旋梭自动回到零位停车位置。

（2）电机使能开/电机使能关：控制伺服电机使能开关。伺服电机使能关闭时可以手动转动电机。伺服电机使能打开时无法手动转动电机。

（3）主轴正转：按下此功能键后，伺服电机顺时正转。

（4）主轴反转：按下此功能键后，伺服电机逆时反转。

5. 上旋转电机

旋转机头全自动缝纫机，是一种新型的全自动缝纫机。这一类全自动缝纫机的缝纫机头和旋梭机构能够根据线迹方向调整机头方向。这一类全自动缝纫机需要用到该目录里的功能键。这些功能键可以控制全自动缝纫机的缝纫机头的旋转伺服电机。

（1）归零：按下此功能键后，缝纫机头自动旋转到零位停车位置。

（2）电机使能开/电机使能关：控制伺服电机使能开关。伺服电机使能关闭时可以手动转动电机。伺服电机使能打开时无法手动转动电机。

（3）主轴正转：按下此功能键后，伺服电机顺时正转。

（4）主轴反转：按下此功能键后，伺服电机逆时反转。

6. 下旋转电机

旋转机头全自动缝纫机，是一种新型的全自动缝纫机。这一类全自动缝纫机的缝纫机头和旋梭机构能够根据线迹方向调整机头方向。这一类全自动缝纫机需要用到该目录里的功能键。这些功能键可以控制全自动缝纫机的旋梭机构的旋转伺服电机。

（1）归零：按下此功能键后，旋梭机构自动旋转到零位停车位置。

（2）电机使能开/电机使能关：控制伺服电机使能开关。伺服电机使能关闭时可以手动转动电机。伺服电机使能打开时无法手动转动电机。

（3）主轴正转：按下此功能键后，伺服电机顺时正转。

（4）主轴反转：按下此功能键后，伺服电机逆时反转。

7. 针电机

部分全自动缝纫机的缝纫机针和压脚分别由不同的伺服电机驱动。这一类全自动缝纫机需要用到该目录里的功能键。这些功能键可以控制全自动缝纫机机针驱动的伺服电机。

（1）归零：按下此功能键后，缝纫机针自动回到初始位置。

（2）电机使能开/电机使能关：控制伺服电机使能开关。伺服电机使能关闭时，可以手动转动电机；伺服电机使能打开时，无法手动转动电机。

（3）主轴正转：按下此功能键后，伺服电机顺时正转。

（4）主轴反转：按下此功能键后，伺服电机逆时反转。

8. 旋转电机

部分全自动缝纫机安装有特殊的辅助装置。这一类全自动缝纫机需要用到该目录里的功能键。属于特殊专用机型需要用到的按键，此处不做介绍。

9. 压脚电机

部分全自动缝纫机需要缝纫机针和压脚分别由不同的伺服电机驱动。这一类全自动缝纫机需要用到该目录里的功能键。这些功能键可以控制全自动缝纫机压脚驱动的伺服电机。

（1）归零：按下此功能键后，缝纫机压脚自动回到初始位置。

（2）电机使能开/电机使能关：控制伺服电机使能开关。伺服电机使能关闭时，可以手动转动电机；伺服电机使能打开时，无法手动转动电机。

（3）压脚电机正转：按下此功能键后，压脚电机顺时正转。

（4）压脚电机反转：按下此功能键后，压脚电机逆时反转。

10. 升降电机

大部分厚料全自动缝纫机需要缝纫机头具备升降功能。这一类全自动缝纫机需要用到该目录里的功能键。这些功能键可以控制全自动缝纫机机头升降的伺服电机。

（1）归零：按下此功能键后，缝纫机头自动回到初始位置。

（2）电机使能开/电机使能关：控制伺服电机使能开关。伺服电机使能关闭时，可以手动转动电机；伺服电机使能打开时，无法手动转动电机。

（3）升降电机上升：按下此功能键后，升降电机上升。

（4）升降电机下降：按下此功能键后，升降电机下降。

11. X向移动电机

该目录里的功能键可以控制全自动缝纫机秀框驱动X向主轴伺服电机。

（1）归零：按下此功能键后，秀框沿X向自动回到传感器零位位置。

（2）电机使能开/电机使能关：控制伺服电机使能开关。伺服电机使能关闭时，可以手动转动电机；伺服电机使能打开时，无法手动转动电机。

（3）X电机左移：按下此功能键后，X电机左移。

（4）X电机右移：按下此功能键后，X电机右移。

12. Y向移动电机

该目录里的功能键可以控制全自动缝纫机秀框驱动Y向主轴伺服电机。

（1）归零：按下此功能键后，秀框沿Y向自动回到传感器零位位置。

（2）电机使能开/电机使能关：控制伺服电机使能开关。伺服电机使能关闭时，可以手动转动电机；伺服电机使能打开时，无法手动转动电机。

（3）Y电机上移：按下此功能键后，Y电机上移。

（4）Y电机下移：按下此功能键后，Y电机下移。

13. 移动速度

通过此功能可以设置全自动缝纫机秀框（材料）的起始阶段的移动速度。

14. XY电机移动速度等级

通过此功能，可以设置全自动缝纫机秀框（材料）的移动速度。等级分为四档，其中，一档最慢，四档最快。

（二）手动动作界面介绍

手动动作界面如图3-66所示。

1. 机头升降

通过此功能键，可以实现机头升降，可以控制缝纫机头的上升或者下降，冲孔机头上升或者下降。

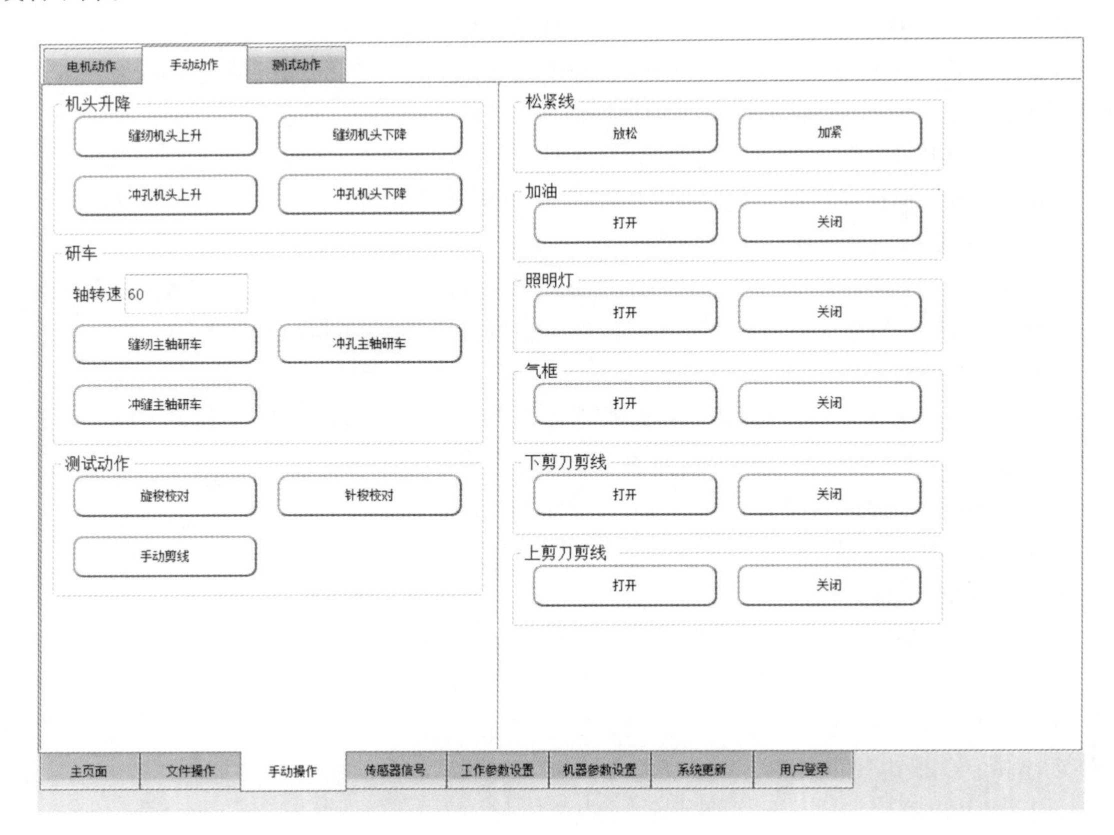

图3-66 手动动作界面

2. 研车

通过此功能键，可以设置机器在空载的状态下轴转速，缝纫主轴研车，冲孔主轴研车，冲缝主轴研车。研车的目的是实现运转和传动部件之间的机械磨合。

3. 测试动作

通过此功能键，可以对旋梭校对、针梭校对、手动剪线等功能等进行测试。

（1）旋梭校对：在有此功能的机器上，单击此键，能够自动找到零位位置。

（2）针梭校对：在有此功能的机器上，单击此键，机头旋梭能够自动找到零位位置。

（3）手动剪线：在有此功能的机器上，单击此键，能够实现模拟剪线的过程，主要用来测试机头旋梭、扣线叉、剪刀之间的配合。

4. 松紧线

通过此功能键“夹紧”或者“放松”，测试松紧线功能是否正常。

5. 加油

通过此功能键“打开”或者“关闭”，测试机头及旋梭自动加油功能是否正常。

6. 照明灯

通过此功能键“打开”或者“关闭”，测试照明灯功能是否正常。

7. 气框

通过此功能键“打开”或者“关闭”，测试气框的功能是否正常。

8. 下剪刀剪线

通过此功能键“打开”或者“关闭”，测试下剪刀剪线是否正常。

9. 上剪刀剪线

通过此功能键“打开”或者“关闭”，测试上剪刀剪线是否正常。

（三）测试动作界面介绍

测试动作界面如图3–67所示。

1. 中压脚

通过此功能键“打开”或者“关闭”，测试中压脚功能是否正常。

2. 大压脚

通过此功能键“打开”或者“关闭”，测试大压脚功能是否正常。

3. 主轴点动

通过此功能键“冲孔主轴点动”或者“缝纫主轴点动”，测试主轴点动功能是否正常。

4. 上剪刀升降

通过此功能键“打开”或者“关闭”，测试上剪刀升降功能是否正常。

5. 冲孔吹气

通过此功能键“打开”或者“关闭”，测试冲孔吹气功能是否正常。

6. 吸尘器

通过此功能键“打开”或者“关闭”，测试吸尘器功能是否正常。

7. 扣底线

通过此功能键“打开”或者“关闭”，测试扣底线功能是否正常。

图3-67　测试动作界面

8. 顶底线

通过此功能键“打开”或者“关闭”，测试顶底线功能是否正常。

9. 夹面线

通过此功能键“打开”或者“关闭”，测试夹面线功能是否正常。

10. 松紧线2

通过此功能键“打开”或者“关闭”，测试松紧线2功能是否正常。

11. 缝纫机头升降

通过此功能键“上升”或者“下降”，测试缝纫机头升降功能是否正常。

12. 冲孔机头升降

通过此功能键“上升”或者“下降”，测试冲孔机头升降功能是否正常。

13. 缝纫吹气

通过此功能键“打开”或者“关闭”，测试缝纫吹气功能是否正常。

四、传感器信号界面介绍

传感器信号界面如图3-68所示。

1. X轴

通过此功能键，可以对X轴检测传感器信号进行设置。X轴信号显示为：限位+、降速、零位、限位-。

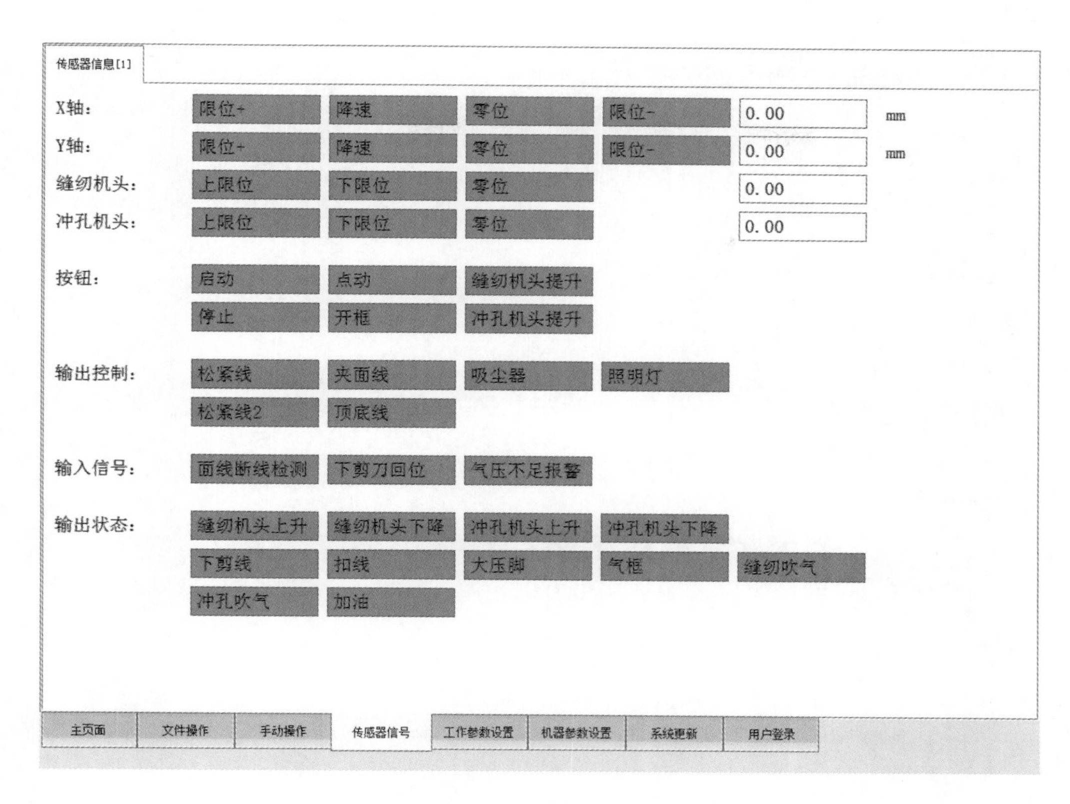

图3-68　传感器信号界面

2. Y轴

通过此功能键，可以对Y轴检测传感器信号进行设置。Y轴信号显示为：限位+、降速、零位、限位-。

3. 缝纫机头

通过此功能键，可以对缝纫机头检测传感器信号进行设置。缝纫机头显示为：上限位、下限位、零位。

4. 冲孔机头

通过此功能键，可以对冲孔机头检测传感器信号进行设置。冲孔机头显示为：上限位、下限位、零位。

5. 按钮

通过此功能键，可以对按钮进行设置。可以设置为：启动、点动、缝纫机头提升、停止、开框、冲孔机头提升。

五、工作参数设置界面介绍

工作参数设置分为工作参数［1］、工作参数［2］、工作参数［3］和工作参数［4］这四个界面。

（一）工作参数［1］界面介绍

工作参数［1］界面如图3-69所示。

图3–69　工作参数［1］界面

1. **主轴缝纫轴转速**

通过此功能键，可以将缝纫主轴的缝纫轴速度进行设置。主轴缝纫工作转速，范围：1～3000，单位：r/min，默认：2000r/min。

2. **主轴剪线转速**

通过此功能键，可以将主轴剪线时主轴的运转速度进行设置。主轴剪线转速，范围：1～500，单位：r/min，默认：120r/min。

3. **主轴回针转速**

通过此功能键，可以将回针时主轴的速度进行设置。主轴回针转速，范围：1～500，单位：r/min，默认：200r/min。

4. **启动慢动转速**

通过此功能键，可以将启动慢动转速的速度进行设置，默认值为300r/min。慢动工作状态是机器工作过程中一直按着启动按钮（绿色按钮）的工作状态。主轴启动慢动转速，范围：1～500，单位：r/min，默认：200r/min。

5. **倒车等效转速**

通过此功能键，可以将倒车等效转速进行设置。倒车等效主轴转速，范围：1～3000，单位：r/min，默认：1000r/min。

6. **气框开关延时**

通过此功能键，可以将气框开关延时进行设置。气框开关延时，范围：0～2000，单位：ms，默认：500ms。

7. 缝纫加速度

通过此功能键，可以设置缝纫的加速度。缝纫加速度，范围：1～100，单位：r/ss，默认：5。

8. 剪线动框移位

通过此功能键，可以设置剪线时动框位移量，主要配合位移方向使用。剪线动框位移，范围：1～1000，单位：0.01mm，默认：500（即5mm）。

9. 缝纫动框方式

通过此功能键，可以设置缝纫动框的方式，如XY连续动框、XY间歇式脉冲无加减速、机头连续旋转、机头间歇式脉冲无加减速。

10. 动框起始角度

通过此功能键，可以设置缝纫主轴框移起始角度。缝纫动框起始角度，范围：0～36000，单位：0.01度，默认：28000（即280度）。

11. 动框持续角度

通过此功能键，可以设置缝纫主轴动框持续角度。缝纫动框持续角度，范围：0～36000，单位：0.01度，默认：15000（即150度）。

12. 起针慢动针数

起针慢动针数指主轴从静止到升速阶段的启动针数，按此功能键可以设置起针慢动针数。起针慢动针数，范围：0～10，单位：针，默认：3针。

13. 起针动作允许

通过此功能键，可以进行起针动作允许，可以设置为松线允许、顶线允许、夹线允许。松线允许是将机头部分松紧线装置进行设置，不选择将默认为紧线；顶线允许是在旋梭箱上面顶线装置设置为顶线，不选择将默认为不顶线；夹线允许是机头下缘气缸张紧部分，夹线允许默认为气缸关闭状态，不选择将默认为不夹线。

14. 剪线允许

机器在工作时的剪线功能，按此功能键可以对剪线设置为不剪线、自动剪线、数据剪线。默认为自动剪线。

15. 剪线分线角度

通过此功能键，可以将剪线分线角度进项设置，用来控制扣线叉扣线的角度。剪线分线角度，范围：0～36000，单位：0.01度，默认：20000（即200度）。

16. 剪线完成角度

通过此功能键，可以将剪线完成角度进行设置，用来控制扣线叉复位的角度。剪线完成角度，范围：0～36000，单位：0.01度，默认：6000（即60度）。

（二）工作参数［2］界面介绍

工作参数［2］界面如图3-70所示。

1. 剪线时动作允许

通过此功能键，可以对剪线时动作允许进行设置，比如松线允许、拉线允许、夹线允许。

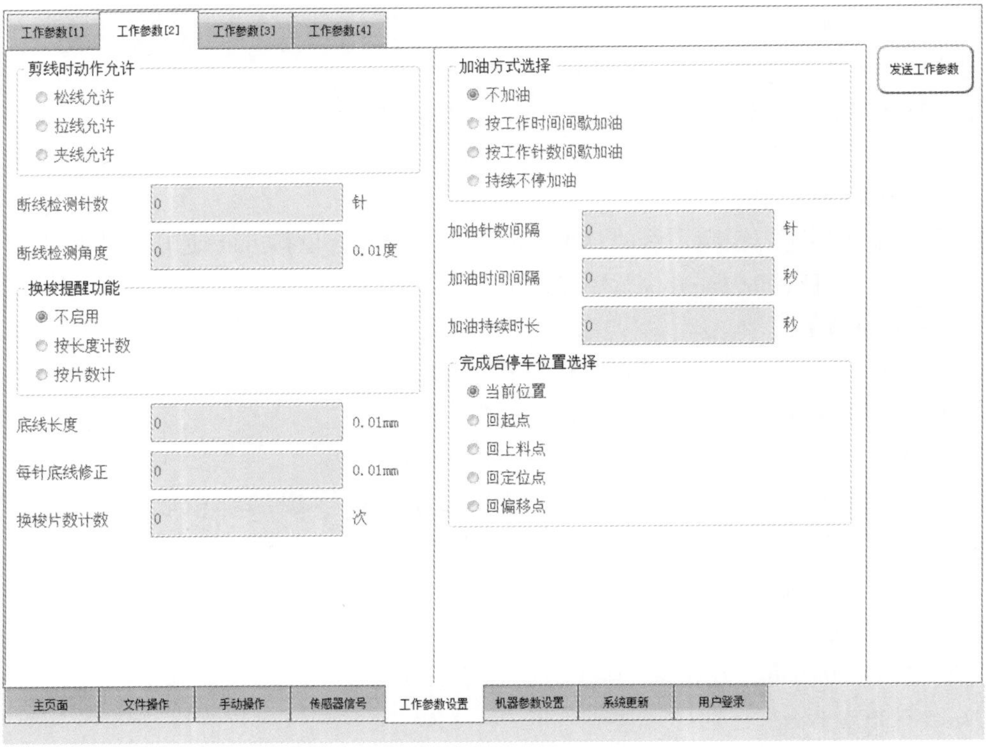

图3-70 工作参数［2］界面

2. 断线检测针数

通过此功能键，可以对断线检测针数进行设置。断线检测针数，断线信号连续针数，默认：3。当设备检测到有连续三针没有勾上底线，设备停止运转。

3. 断线检测角度

通过此功能键，可以对断线检测角度进行设置。断线检测角度，范围：0～36000，单位：0.01度，默认：3000（即300度）。

4. 换梭提醒功能

机器需要更换梭时，按此功能键可以设置不启用、按长度计数、按片数计数。默认：不启用。底线用完，该功能提醒操作人员更换底线。

5. 底线长度

通过此功能键，可以设置底线的长度。底线长度，单位：0.01mm，默认：10000000mm。

6. 每针底线修正

通过此功能键，可以设置每针底线的修正。由于缝料的厚度引起底线出现偏差，通过此功能来修正底线量。每针底线修正，单位：0.01mm，默认：0。

7. 换梭片数计数

通过此功能键，可以对换梭片数的计数进行设置。换梭片数计数，单位：次，默认：0。

8. 加油方式选择

机器的加油功能，按此功能键可以对加油方式进行选择，如不加油、按工作时间间歇加油、按工作针数间歇加油、持续不断加油。

9. **加油针数间隔**

通过此功能键，可以设置加油针数间隔针数。加油针数间隔，单位：针，加油方式：按针数加油时有用，默认：10000。

10. **加油时间间隔**

通过此功能键，可以设置加油时间间隔。加油时间间隔，单位：秒，加油方式：按工作时间加油时有用。

11. **加油持续时长**

通过此功能键，可以设置加油持续时间。加油持续时长，单位：秒。

12. **完成后停车位置选择**

通过此功能键，可以设置机器完成当前工作时的停车位置选择。可以设置为：当前位置、回起点、回上料点、回定位点、回偏移点。默认：回偏移点。

（三）工作参数［3］界面介绍

工作参数［3］界面如图3–71所示。

1. **偏移点X坐标**

通过此功能键，可以对偏移点X坐标进行设置，单位：0.01mm。

2. **偏移点Y坐标**

通过此功能键，可以对偏移点Y坐标进行设置，单位：0.01mm。

3. **偏移点坐标有效标志**

通过此功能键，可以设置偏移点坐标的有效标志，默认：无效。

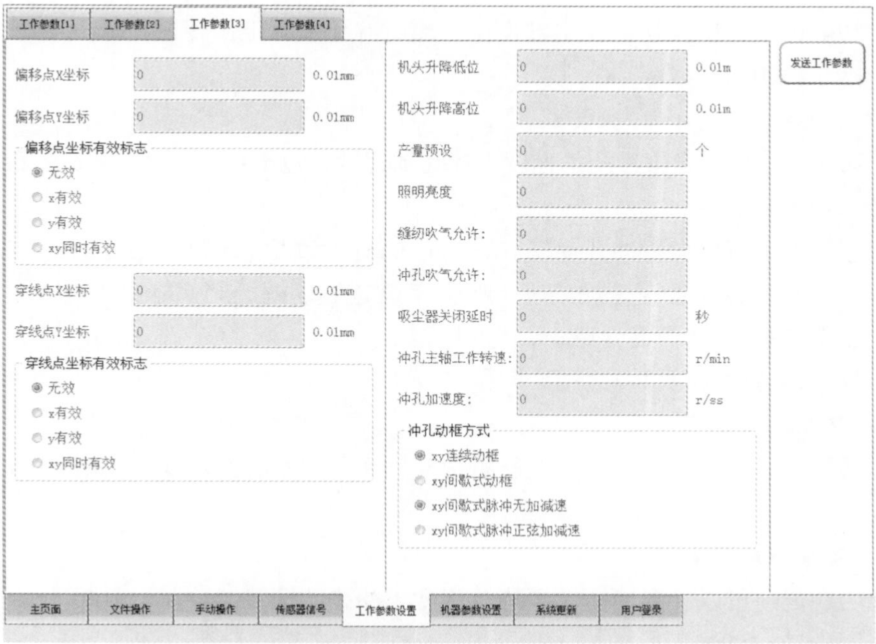

图3–71　工作参数［3］界面

4. 穿线点X坐标

通过此功能键，可以设置穿线点X坐标，单位：0.01mm。

5. 穿线点Y坐标

通过此功能键，可以设置穿线点Y坐标，单位：0.01mm。

6. 穿线点坐标有效标志

通过此功能键，可以设置穿线点坐标有效标志，默认：无效。

7. 机头升降低位

通过此功能键，可以设置机头升降低位，单位：0.01mm。

8. 机头升降高位

通过此功能键，可以设置机头升降高位，单位：0.01mm。

9. 产量预设

通过此功能键，可以设置产量预设。

10. 照明亮度

通过此功能键，可以设置照明亮度。照明亮度：0～255，默认：128。

11. 缝纫吹气允许

通过此功能键，可以设置缝纫吹气允许。

12. 冲孔吹气允许

通过此功能键，可以设置冲孔吹气允许。

13. 吸尘器关闭延时

通过此功能键，可以设置吸尘器关闭延时。单位：秒。

14. 冲孔主轴工作转速

通过此功能键，可以设置冲孔主轴工作转速。冲孔主轴工作转速，范围：1～3000，单位：r/min，默认：2000。

15. 冲孔加速度

通过此功能键，可以设置冲孔加速度。冲孔加速度，范围：1～100，单位：r/ss。

16. 冲孔动框方式

通过此功能键，可以设置冲孔动框方式。有XY连续动框、XY间歇式动框、XY间歇式脉冲无加减速、XY间歇式脉冲正弦加减速。默认：XY连续动框、XY间歇式脉冲无加减速。

（四）工作参数［4］界面介绍

工作参数［4］界面如图3–72所示。

1. 冲孔动框起始角度

通过此功能键，可以设置冲孔动框起始角度。冲孔动框起始角度，范围：0～36000，单位：0.01度，默认：24000。

2. 冲孔动框持续角度

通过此功能键，可以设置冲孔动框持续角度。冲孔动框持续角度，范围：0～36000，单位：0.01度，默认：15000。

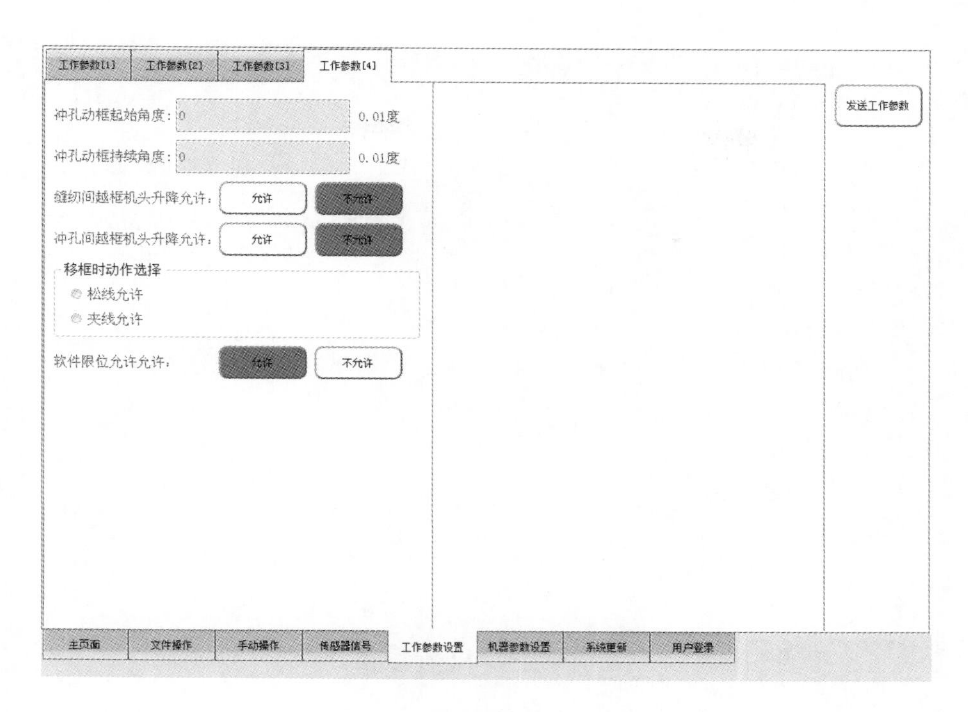

图3-72　工作参数［4］界面

3. 缝纫间越框机头升降允许

通过此功能键，可以设置缝纫间越框机头升降。

4. 冲孔间越框机头升降允许

通过此功能键，可以设置冲孔间越框机头升降。

5. 移框时动作选择

通过此功能键，可以设置移框时动作。

6. 软件限位允许

通过此功能键，可以设置软件限位。

六、机器参数设置界面介绍

机器参数设置分为位置参数、速度参数、轴配置、配置参数、机器参数和冲缝参数这六个界面。

（一）位置参数界面介绍

位置参数界面如图3-73所示。

1. X框传感器坐标

通过此功能键，对X框传感器坐标进行设置，单位：0.01mm。

2. Y框传感器坐标

通过此功能键，对Y框传感器坐标进行设置，单位：0.01mm。

3. 停车传感器角

通过此功能键，对停车传感角度进行设置，单位：0.01度。

图3-73　位置参数界面

4. 升降传感器坐标

通过此功能键，对升降传感器坐标进行设置，单位：0.01mm。

5. 压脚传感器坐标

通过此功能键，对压脚传感器坐标进行设置，单位：0.01mm。

6. 旋转传感器角度

通过此功能键，对旋转传感器坐标进行设置，单位：0.01mm。

7. 主轴勾线传感器角

通过此功能键，对主轴勾线传感器角度进行设置，单位：0.01度。

8. 冲头停车角度

通过此功能键，对冲头挑线杆在停车时倾斜角度进行设置，单位：0.01度。

9. X负边界

X可缝纫区域负边界（X-），范围：-2147483648 ~ 2147483647，单位：0.01mm。

10. X正边界

X可缝纫区域正边界（X+），范围：-2147483648 ~ 2147483647，单位：0.01mm。

11. Y负边界

Y可缝纫区域负边界（Y-），范围：-2147483648 ~ 2147483647，单位：0.01mm。

12. Y正边界

Y可缝纫区域正边界（Y+），范围：-2147483648 ~ 2147483647，单位：0.01mm。

13. 机头上边界

通过此功能键，对机头上边界进行设置，机头升降可移动上边界，单位：0.01mm。

14. 机头下边界

通过此功能键，对机头下边界进行设置，机头升降可移动下边界，单位：0.01mm。

15. 压脚上边界

通过此功能键，对压脚上边界进行设置，压脚升降可移动上边界，单位：0.01mm，默认值：800。

16. 压脚下边界

通过此功能键，对压脚下边界进行设置，压脚升降可移动下边界，单位：0.01mm，默认值：0。

17. 压脚脉冲当量分子

通过此功能键，对压脚脉冲当量分子进行设置，默认值：1000000。

18. 压脚脉冲当量分母

通过此功能键，对压脚脉冲当量分母进行设置，默认值：1115。

19. 旋转范围正向限制

通过此功能键，对旋转范围正向限制进行设置，单位：0.01mm。

20. 旋转范围负向限制

通过此功能键，对旋转范围负向限制进行设置，单位：0.01mm。

（二）速度参数界面介绍

速度参数界面如图3-74所示。

位置参数 | 速度参数 | 轴配置 | 配置参数 | 配置参数 | 配置参数 | 机器参数 | 冲缝参数

参数	值	单位	参数	值	单位
xy启动停止速度	10	mm/s	主轴启动停止转速	200	r/min
xy归零运行速度	100	mm/s	主轴归零转速	120	r/min
xy空走运行速度	300	mm/s	主轴运转转速	300	r/min
xy行走加速度	1000	mm/s2	主轴运转加速度	50	r/min
xy刹车加速度	10000	mm/s2	主轴刹车加速度	100	r/min
			主轴缝纫最高转速	3000	r/min
xy手动移动速度1	10	mm/s	机头升降起停速度	10	mm/s
xy手动移动速度2	100	mm/s	机头升降归零速度	50	mm/s
xy手动移动速度3	300	mm/s	机头升降行走速度	200	mm/s
xy最高移动速度	800	mm/s	机头升降行走加速	500	mm/s2
			机头升降刹车加速	1000	mm/s2

发送机器参数 | 复位为初始参数

主页面 | 文件操作 | 手动操作 | 传感器信号 | 工作参数设置 | 机器参数设置 | 系统更新 | 用户登录

图3-74 速度参数界面

1. XY启动停止速度

通过此功能键，可以对XY启动停止速度进行设置。XY启动停止速度，范围：1～100，单位：mm/s，默认：10。

2. XY归零运行速度

通过此功能键，可以对XY归零运行速度进行设置。XY归零运行速度，范围：1～100，单位：mm/s，默认：100。

3. XY空走运行速度

通过此功能键，可以对XY空走运行速度进行设置。XY空走运行速度，范围：1～1000，单位：mm/s，默认：300。

4. XY行走加速度

通过此功能键，可以对XY行走加速度进行设置。XY行走加速度，范围：1～10000，单位：mm/s^2，默认：1000。

5. XY刹车加速度

通过此功能键，可以对XY刹车加速度进行设置。XY刹车加速度，范围：1～10000，单位：mm/s^2，默认：10000。

6. XY手动移动速度1

通过此功能键，可以对XY手动移动速度1进行设置。XY手动移动速度1，范围：1～1000，单位：mm/s，默认：10 。

7. XY手动移动速度2

通过此功能键，可以对XY手动移动速度2进行设置。XY手动移动速度2，范围：1～1000，单位：mm/s，默认：100。

8. XY手动移动速度3

通过此功能键，可以对XY手动移动速度3进行设置。XY手动移动速度3，范围：1～1000，单位：mm/s，默认：300。

9. XY最高移动速度

通过此功能键，可以对XY最高移动速度进行设置。XY最高移动速度，范围：1～1000，单位：mm/s，默认：300。

10. 主轴启动停止转速

通过此功能键，可以对主轴启动停止转速进行设置。主轴启动停止转速，范围：1～300，单位：r/min，默认：100。

11. 主轴归零转速

通过此功能键，可以对主轴归零转速进行设置，主轴启动停止转速。主轴归零转速，范围：1～3000，单位：r/min，默认：120。

12. 主轴运转速度

通过此功能键，可以对主轴运转速度进行设置。主轴运转转速，范围：1～3000，单位：r/min，默认：300。

13. 主轴运转加速度

通过此功能键，可以对主轴运转加速度进行设置。主轴运转加速度，范围：1～100，单位：r/s^2，默认：50。

14. 主轴刹车加速度

通过此功能键，可以对主轴刹车加速度进行设置。主轴刹车加速度，范围：1～100，单位：r/s^2，默认：100。

15. 主轴缝纫最高转速

通过此功能键，可以对主轴缝纫最高转速速度进行设置。主轴缝纫最高转速，范围：1～3000，单位：r/min，默认：3000。

16. 机头升降起停速度

通过此功能键，可以对机头升降起停速度进行设置。机头升降起停速度，范围：1～250，单位：mm/s，默认：10。

17. 机头升降归零速度

通过此功能键，可以对机头升降归零速度进行设置。机头升降归零速度，范围：1～250，单位：mm/s，默认：50。

18. 机头升降行走速度

通过此功能键，可以对机头升降行走速度进行设置。机头升降行走速度，范围：1～250，单位：mm/s，默认：200。

19. 机头升降行走加速

通过此功能键，可以对机头升降行走加速度进行设置。机头升降行走加速，范围：1～10000，单位：mm/s^2，默认：500。

20. 机头升降刹车加速

通过此功能键，可以对机头升降刹车加速度进行设置。机头升降刹车加速，范围：1～10000，单位：mm/s^2，默认：1000。

（三）轴配置界面介绍

轴配置界面如图3-75所示。

1. X轴配置

X轴配置包括无该轴、单电机驱动、坐标系统为正、移动对象为机头、没有零位传感器、没有降速传感器、没有正向限位传感器、没有负向限位传感器、向负方向找零位传感器、零位单独起作用、零位和降速一起起作用。默认为：单电机驱动、向负方向找零位传感器。

2. Y轴配置

Y轴配置包括无该轴、单电机驱动、坐标系统为正、移动对象为机头、没有零位传感器、没有降速传感器、没有正向限位传感器、没有负向限位传感器、向负方向找零位传感器。默认为：单电机驱动、向负方向找零位传感器、零位单独起作用。

3. X2轴配置

X2轴配置包括无该轴、单电机驱动、坐标系统为正、移动对象为机头、没有零位传感器、没有降速传感器、没有正向限位传感器、没有负向限位传感器、向负方向找零位传感

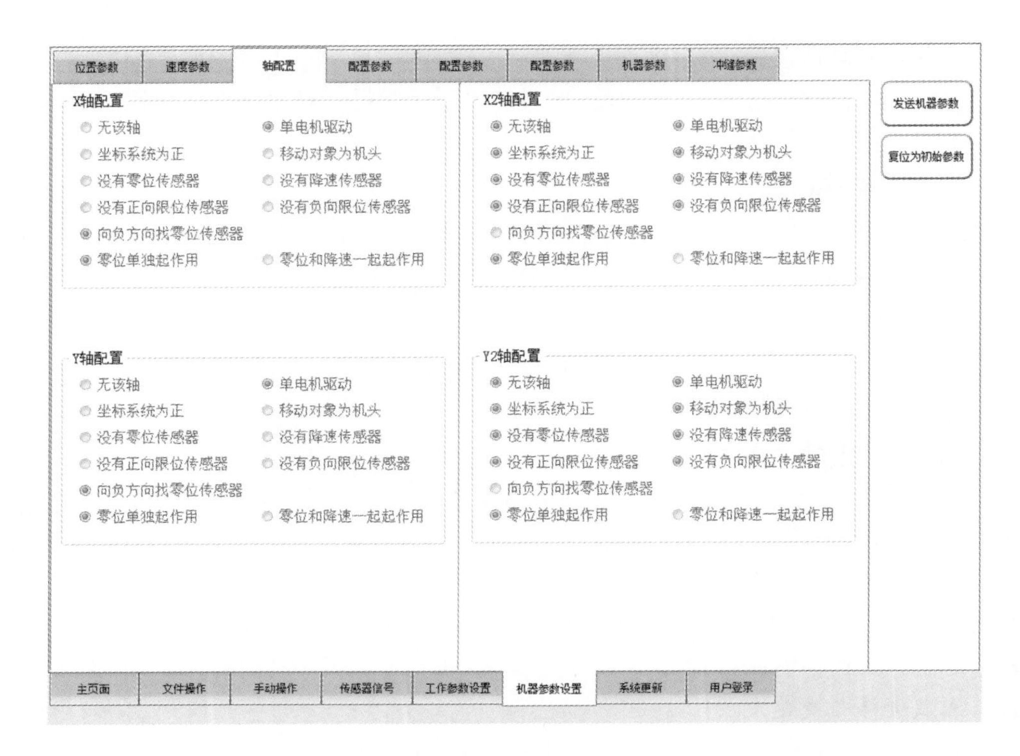

图3–75　轴配置界面

器、零位单独起作用、零位和降速一起起作用。默认为：无该轴、单电机驱动、坐标系统为正、移动对象为机头、没有零位传感器、没有降速传感器、没有正向限位传感器、没有负向限位传感器、零位单独起作用。

4. Y2轴配置

Y2轴配置包括无该轴、单电机驱动、坐标系统为正、移动对象为机头、没有零位传感器、没有降速传感器、没有正向限位传感器、没有负向限位传感器、向负方向找零位传感器、零位单独起作用、零位和降速一起起作用。默认为：无该轴、单电机驱动、坐标系统为正、移动对象为机头、没有零位传感器、没有降速传感器、没有正向限位传感器、没有负向限位传感器、零位单独起作用。

（四）配置参数界面介绍

配置参数（1）界面如图3–76所示。

1. 机器类型

通过此功能键，可以对机器类型进行选择。

2. 产品类型

此功能为机器的类型。

3. 机头个数

通过此功能键，可以对机器的机头个数进行设置。

4. 每头机针个数

通过此功能键，可以对每头机针个数进行设置。

图3-76　配置参数（1）界面

配置参数（2）界面如图3-77所示。

5. 缝纫主轴配置

通过此功能键，此功能键，可以对缝纫主轴配置进行设置。有无该轴，默认为：有该轴；针梭一体或针梭分离，默认为：有该轴、针梭分离（双电机）。

6. 升降电机配置

通过此功能键，此功能键，可以对升降电机配置进行设置。设置为有无该轴，默认为：有该轴。

7. 压脚电机配置

通过此功能键，此功能键，可以对压脚电机配置进行设置。设置为有无该轴，默认为：有该轴。

8. 旋转电机配置

旋转电机配置包括无该轴或者有该轴、单电机驱动或者双电机驱动、坐标系统为正或者为反、转动对象为机头或者为框、有旋转范围限制或者无旋转范围限制。默认为：有该轴、双电机驱动、坐标系统为反、转动对象为机头、无旋转范围限制。

9. 底线断线检测装置选择

通过此功能键，可以对底线断线检测装置进行选择。可以设置为：无装置、光栅轮、磁编码器，默认为：无装置。

10. 断线检测模式选择

通过此功能键，可以对断线检测模式选择进行设置。可以设置为：直接检测和外围板检

图3-77　配置参数（2）界面

测，默认为：直接检测。

11. **下剪刀驱动装配选择**

通过此功能键，可以对下剪刀驱动装置选择进行设置。可以设置为：无下剪线装置、气缸、交流电机、步进电机、电磁铁，默认为：气缸。

12. **下剪线模式选择**

通过此功能键，可以对下剪线模式选择进行设置。可以设置为：静态剪线、动态剪线、凸轮剪线，默认为：静态剪线。

13. **上剪刀驱动装置选择**

通过此功能键，可以对上剪刀驱动装置选择进行设置。可以设置为：无上剪线装置、气缸，默认为：无上剪线装置。

14. **面线断线检测装置选择**

通过此功能键，可以对面线断线检测装置选择进行设置。可以设置为：无装置、挑线簧、电子断线器，默认为：挑线簧。

配置参数（3）界面如图3-78所示。

15. **勾面线选择**

通过此功能键，可以对勾面线装置选择进行设置。可以设置为：无勾面线装置、气缸、电磁铁，默认为：无勾面线装置。

16. **松面线装置选择**

通过此功能键，可以对松面线装置选择进行设置。可以设置为：无松面线装置、气缸、

图3-78　配置参数（3）界面

电磁铁，默认为：气缸。

17. **拉面线装置选择**

通过此功能键，可以对拉面线装置选择进行设置。可以设置为：无拉面线装置、气缸，默认为：无拉面线装置。

18. **扣底线装置选择**

通过此功能键，可以对扣底线装置选择进行设置。可以设置为：无扣底线装置、气缸、电磁铁，默认为：气缸。

（五）机器参数界面介绍

机器参数界面如图3-79所示。

1. **压脚升降起停速度**

通过此功能键，可以对压脚升降起停速度进行设置。压脚升降起停速度，范围：1～100，单位：mm/s，默认：10。

2. **压脚升降归零速度**

通过此功能键，可以对压脚升降归零速度进行设置。压脚升降归零速度，范围：1～100，单位：mm/s，默认：30。

3. **压脚升降行走速度**

通过此功能键，可以对压脚升降行走速度进行设置。压脚升降行走速度，范围：1～100，单位：mm/s，默认：100。

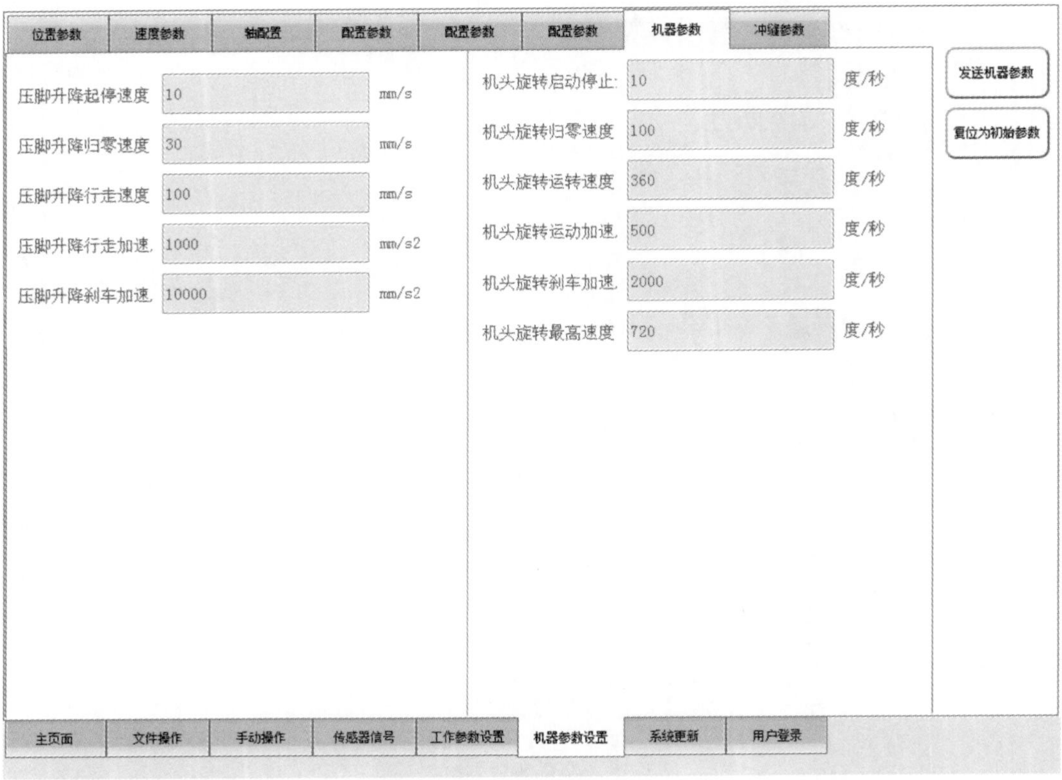

图3-79　机器参数界面

4．**压脚升降行走加速**

通过此功能键，可以对压脚升降行走加速进行设置。压脚升降行走加速，范围：1～10000，单位：mm/s^2，默认：500。

5．**压脚升降刹车加速**

通过此功能键，可以对压脚升降行刹车加速进行设置。压脚升降刹车加速，范围：1～10000，单位：mm/s^2，默认：1000。

6．**机头旋转启动停止**

通过此功能键，可以对机头旋转启动停止进行设置。机头旋转启动停止速度，范围：1～720，单位：deg/s（度/秒），默认：10。

7．**机头旋转归零速度**

通过此功能键，可以对机头旋转启动停止进行设置。机头旋转归零速度，范围：1～720，单位：deg/s（度/秒），默认：50。

8．**机头旋转运转速度**

通过此功能键，可以对机头旋转运转速度进行设置。机头旋转运转速度，范围：1～720，单位：deg/s（度/秒），默认：360。

9．**机头旋转运动加速**

通过此功能键，可以对机头旋转运动加速进行设置。机头旋转运动加速，范围：

1～10000，单位：deg/s（度/秒方），默认：500。

10. **机头旋转刹车加速**

通过此功能键，可以对机头旋转刹车加速进行设置。机头旋转刹车加速，范围：1～10000，单位：deg/s（度/秒方），默认：5000。

11. **机头旋转最高速度**

通过此功能键，可以对机头旋转最高速度进行设置。机头旋转最高速度，范围：1～720，单位：deg/s，默认：720。

（六）冲缝参数界面介绍

冲缝参数界面如图3-80所示。

1. **第二松面线装置选择**

通过此功能键，可以对第二松面线设置，包括无松线装置、气缸、电磁铁，默认为：气缸。

2. **模板识别装置**

通过此功能键，可以对模板识别装置进行设置，包括无识别装置、条形码。

3. **模板识别装置**

通过此功能键，可以对模板识别装置进行设置，包括向前、向左、向右、向上，默认为：向上。

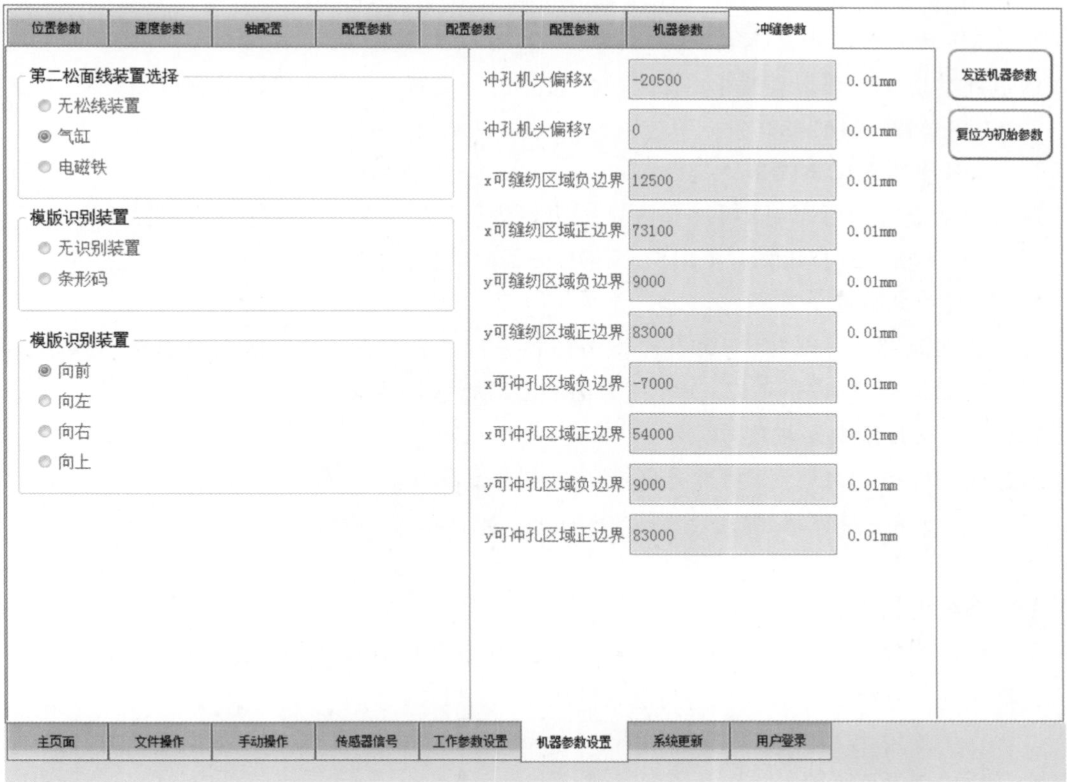

图3-80　冲缝参数界面

4. 冲孔机头偏移X

通过此功能键，可以对冲孔机头偏移X进行设置。冲孔机头偏移X，范围：-2147483648~2147483647，单位：0.01mm，默认值：-20500。

5. 冲孔机头偏移Y

通过此功能键，可以对冲孔机头偏移Y进行设置。冲孔机头偏移Y，范围：-2147483648~2147483647，单位：0.01mm。

6. X可缝纫区域负边界

通过此功能键，可以对X可缝纫区域负边界进行设置。X可缝纫区域负边界（X-），范围：-2147483648~2147483647，单位：0.01mm，默认值：12500。

7. X可缝纫区域正边界

通过此功能键，可以对X可缝纫区域正边界进行设置。X可缝纫区域负边界（X+），范围：-2147483648~2147483647，单位：0.01mm，默认值：73100。

8. Y可缝纫区域负边界

通过此功能键，可以对Y可缝纫区域负边界进行设置。Y可缝纫区域负边界（Y-），范围：-2147483648~2147483647，单位：0.01mm，默认值：9000。

9. Y可缝纫区域正边界

通过此功能键，可以对Y可缝纫区域负边界进行设置。Y可缝纫区域负边界（Y+），范围：-2147483648~2147483647，单位：0.01mm，默认值：83000。

10. X可冲孔区域负边界

通过此功能键，可以对X可冲孔区域负边界进行设置。X可冲孔区域负边界（X-），范围：-2147483648~2147483647，单位：0.01mm，默认值：-7000。

11. X可冲孔区域正边界

通过此功能键，可以对X可冲孔区域正边界进行设置。X可冲孔区域负边界（X+），范围：-2147483648~2147483647，单位：0.01mm，默认值：54000。

12. Y可冲孔区域负边界

通过此功能键，可以对Y可冲孔区域负边界进行设置。Y可冲孔区域负边界（Y-），范围：-2147483648~2147483647，单位：0.01mm，默认值：9000。

13. Y可冲孔区域负边界

通过此功能键，可以对Y可冲孔区域负边界进行设置。Y可冲孔区域负边界（Y+），范围：-2147483648~2147483647，单位：0.01mm，默认值：83000。

七、系统更新界面介绍

系统更新界面介绍如图3-81所示。通过此功能键，可以对软件进行设置，如更新软件、校准屏幕、界面升级、主板升级。当前软件版本：1.11。

八、用户登录界面介绍

用户登录界面如图3-82所示。此界面为用户登录使用。

软件操作
更新软件
校准屏幕
界面升级
主板升级
当前软件版本：1.11
软件编译日期：2017/8/9
主页面
文件操作
手动操作
传感器信号
工作参数设置
机器参数设置
系统更新
用户登录

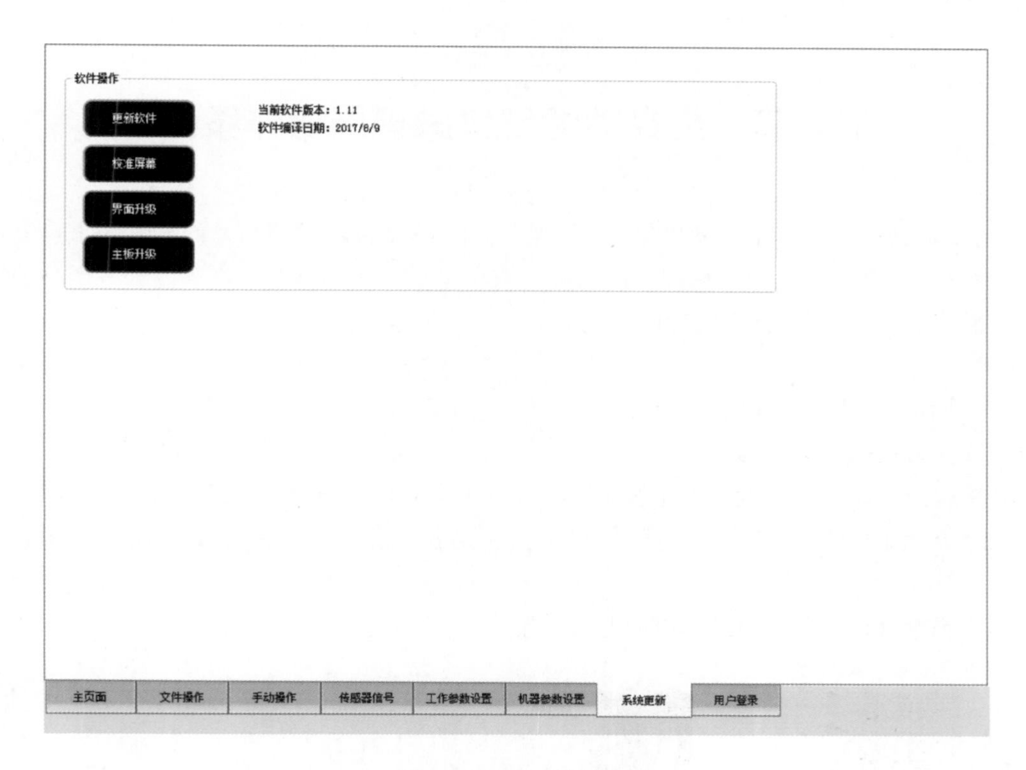

图3-81　系统更新界面

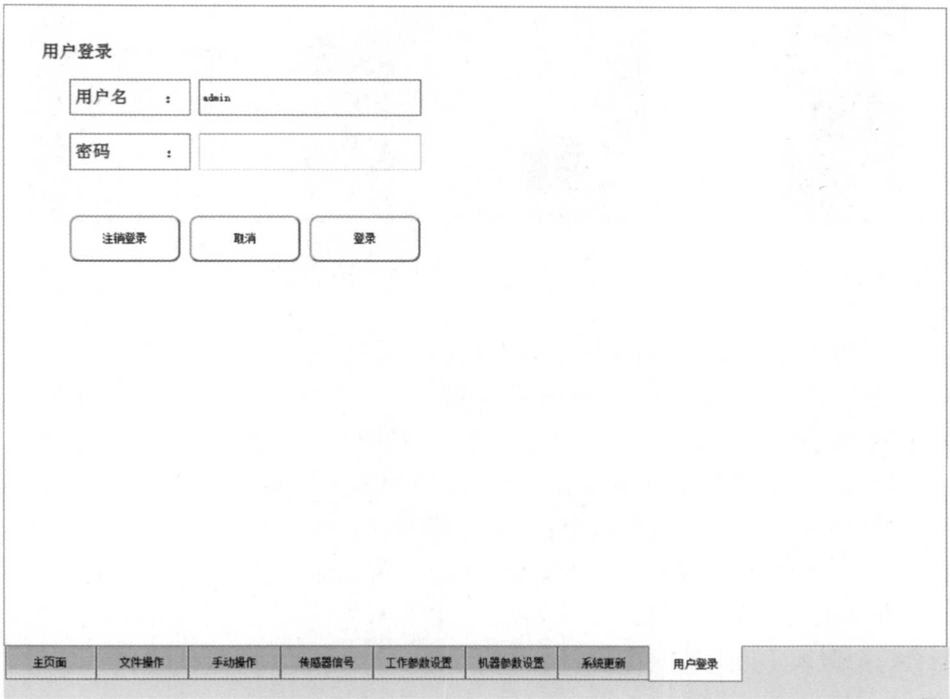

用户登录
用户名　:
admin
密码　:
注销登录
取消
登录
主页面
文件操作
手动操作
传感器信号
工作参数设置
机器参数设置
系统更新
用户登录

图3-82　用户登录界面

第七节　全自动缝纫机触摸屏操作案例

全自动缝纫机的操作是缝纫机使用的核心问题。本节以羽绒服后片的缝制为重点案例，详细讲解全自动缝纫机的操作流程；以棉服、汽车坐垫、床头靠背、汽车内饰等产品的缝制流程，介绍全自动缝纫机常用的特色功能。

一、羽绒服后片的缝制

1. 安全检查及设备开启

（1）检查设备周边及设备上是否有影响设备正常运行的杂物，如果有就清理干净。

（2）检查插头和插排是否连接紧密，气压是否达到0.5～0.6MPa，调压阀如图3-83所示。

（3）在旋开台板下面电控箱电源开关①至“ON”状态，如图3-84所示。

图3-83　调压阀

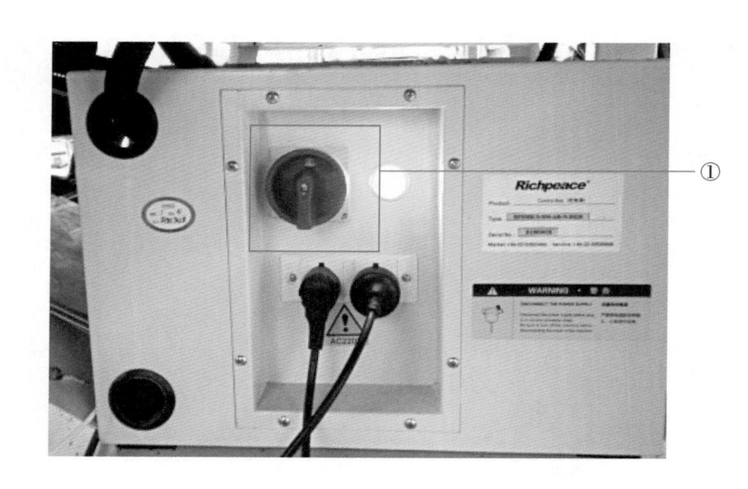

图3-84　控制开关①

（4）旋开右侧红色电源开关②至“ON”状态，如图3-85所示。

（5）按下③位置两个开关电源键中的“绿键”，打开机器电源，如图3-85所示。

（6）按下显示器左侧开关键，完成机器开启，如图3-86所示。

如图3-85所示，位置④按键介绍：白色按钮为气框开关按钮，按一次为开，再按一次为关，用于控制气缸是否压紧模板。黑色按钮为穿线位按钮，按一次使机针露出压脚，便于穿线，再按一次恢复原位。红色按钮为停止按钮，正在缝制或空走时，按停止按钮后，设备暂停缝纫。绿色按钮为启动按钮，按下启动键后机器开始缝制，在空走的状态下按下启动按钮，机器会模拟缝纫（不下针缝制）。

2. 输入文件

（1）将如图3-87所示的线迹文件存储到U盘中。

（2）将存有线迹文件的U盘插入显示器下侧的U盘插口中，如图3–88所示。

（3）单击显示器“文件项目”菜单，点击导入文件，如图3–89所示。

（4）单击“下一步”，如图3–90所示。

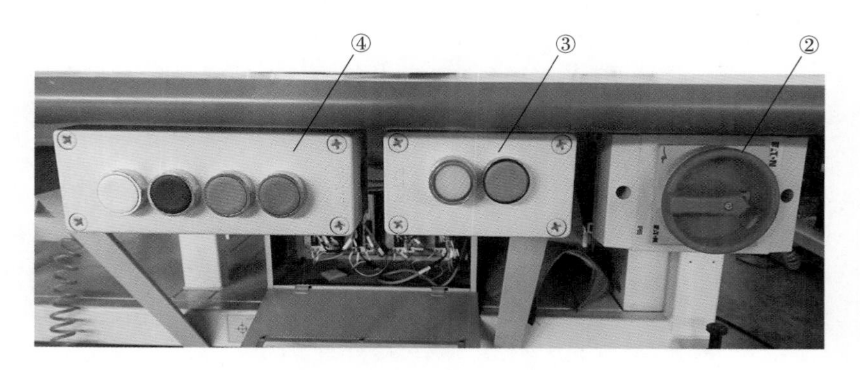

图3–85　设备开关和控制开关②

图3–86　显示器开关

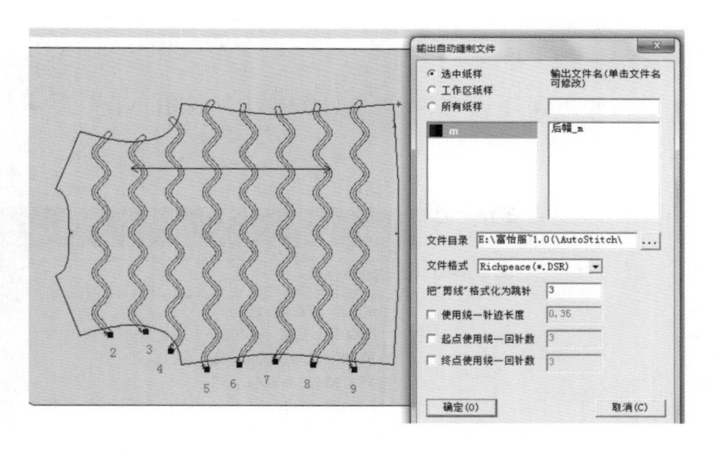

图3–87　羽绒服后片线迹

图3–88　U盘插口

图3–89　“导入文件”

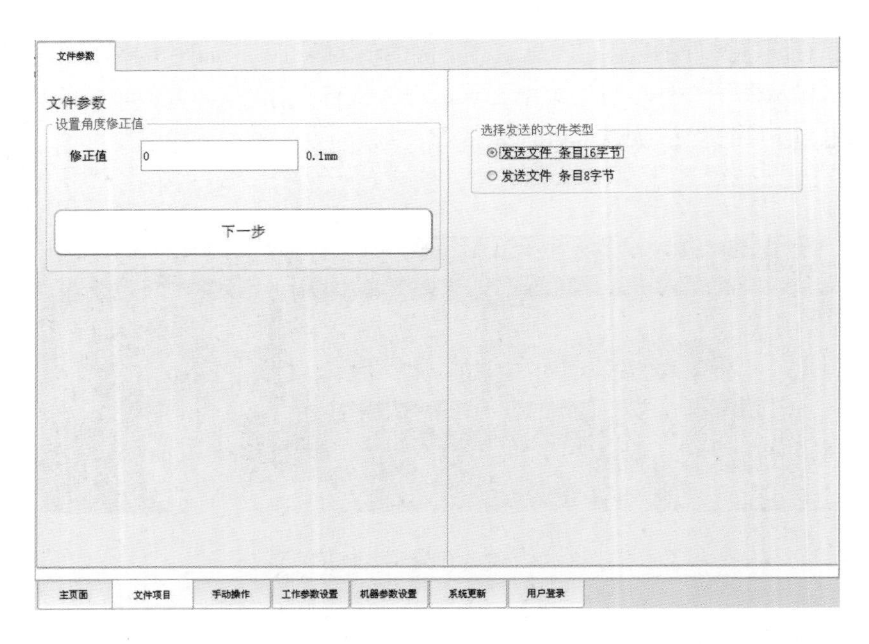

图3-90　单击“下一步”

（5）找到任意文件“DIAMON 2 DIAMOND”后直接单击即可导入进机器，如图3-91所示。

图3-91　选取DIAMON 2 DIAMOND文件

以上操作步骤将U盘文件导入机器储存空间内。以下步骤从机器储存空间导入机器主界面内。

（6）点击“打开文件”，如图3-92所示。

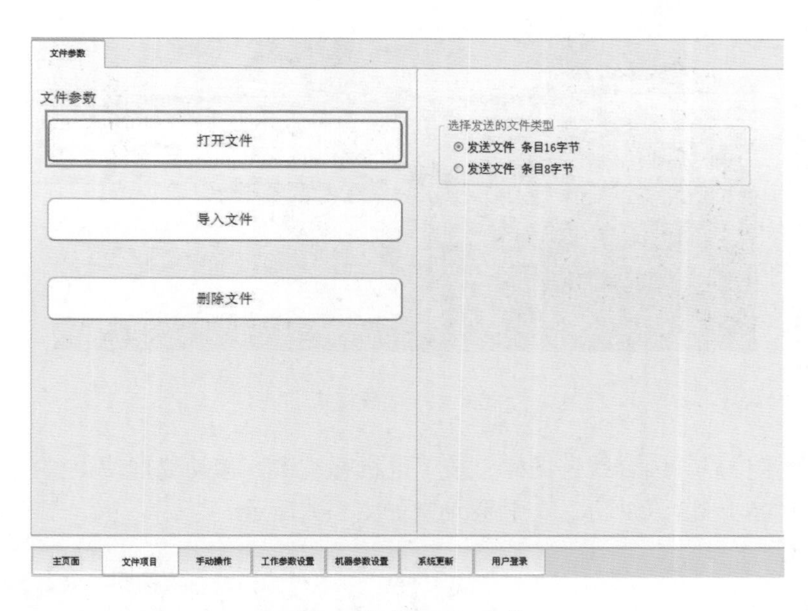

图3-92　点击“打开文件”

（7）找到“DIAMON 2 DIAMOND”文件，点击该文件，自动跳转到主界面，如图3-93所示。

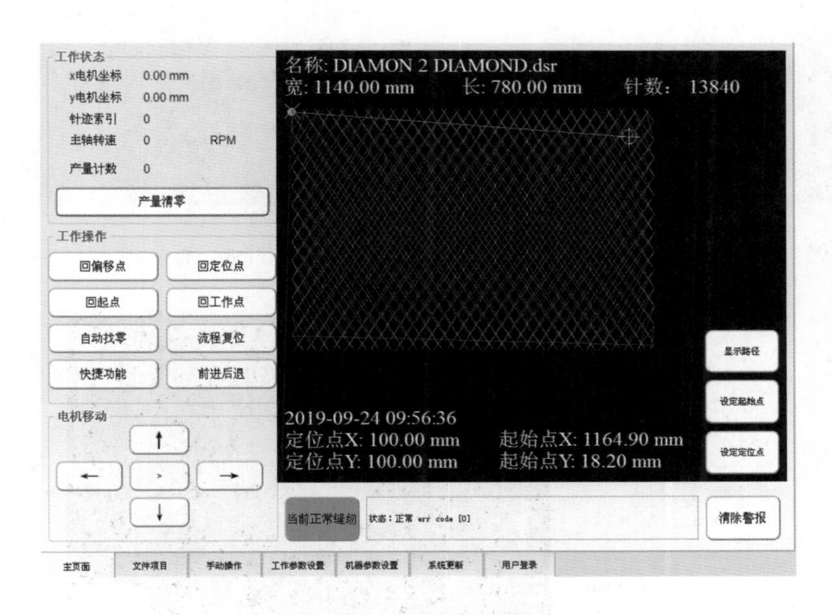

图3-93　主界面

3. 设置定位点及模拟缝纫

（1）将模板放置到机器框架中，按气框开关按钮，关闭气框，如图3-94所示。

注意事项：模板放置不到位，显示屏会出现报警提示，并且不能缝制。模板缝制的位置一般在缝框左侧或者右侧，由于中间没有固定卡位，再次放置模板时会不准确，建议不要放置在中间。

图3-94　放置模板

（2）设置定位点，结合线迹图样，按下电机移动键，移动缝框使得模板定位点与针板孔重合，如图3-95、图3-96所示。导轨移动键如图3-97所示。

图3-95　模板定位点

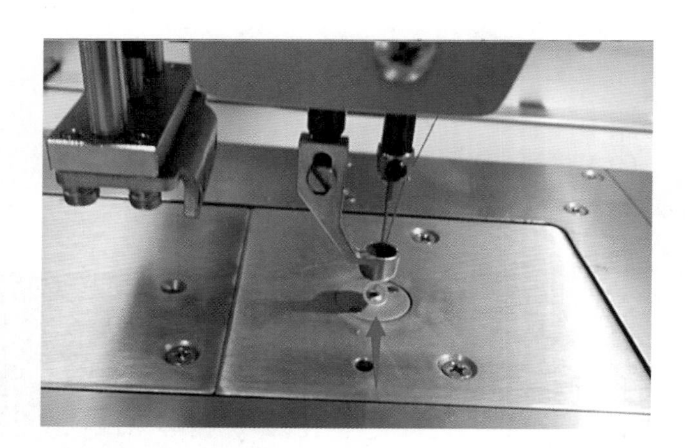

图3-96　针板孔

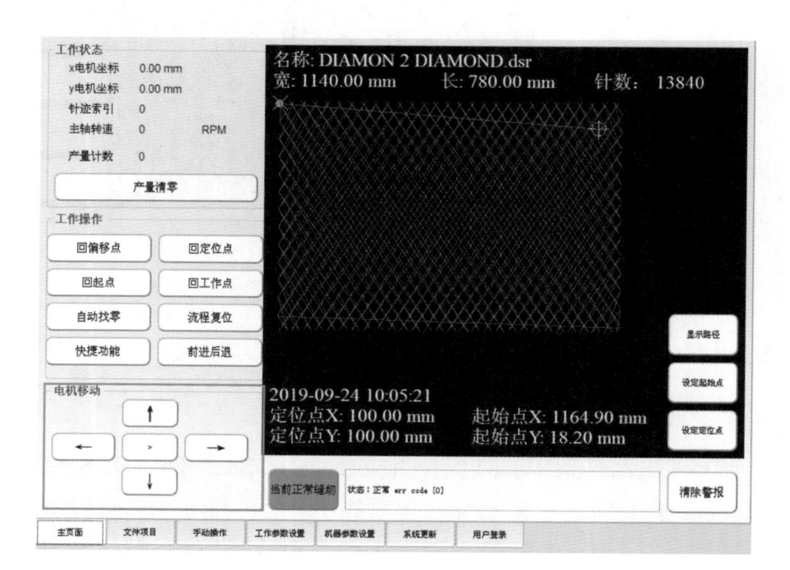

图3-97　导轨移动键

（3）确认定位点，点击如图3–98所示右下角的“设定定位点”，再单击如图3–99所示的“确认”即可。

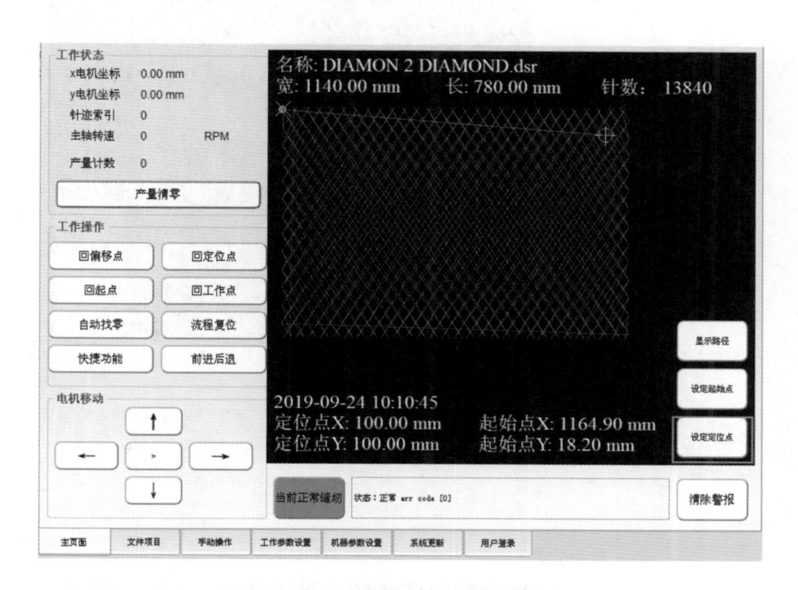

图3–98　“设定定位点”位置

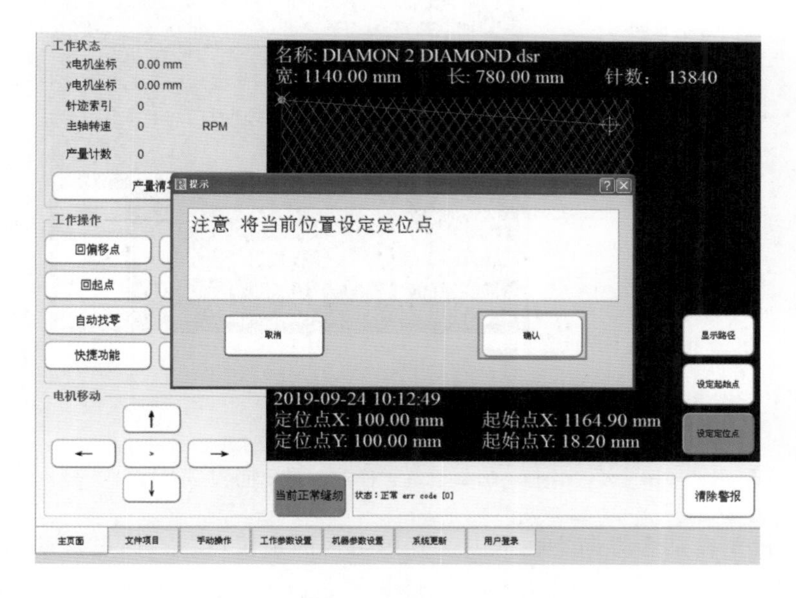

图3–99　“设定定位点”界面

（4）单击“前进后退”按键，如图3–100所示。

（5）进入“设置工作偏移量”界面，按触摸屏左侧的加减针，使光标移到线迹文件的四个端点，并在光标移动到每个端点后点击触摸屏“确定”键，这时缝框与缝纫机头的相对位置是触摸屏中线迹文件与光标相对的位置，查看光标在四个端点时机头是否在缝框内，如图3–101所示。

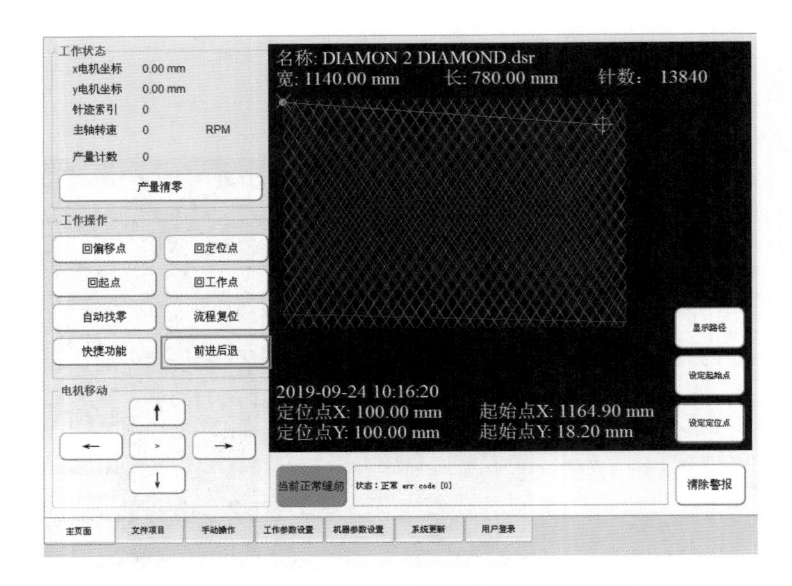

图3-100 “前进后退”按键

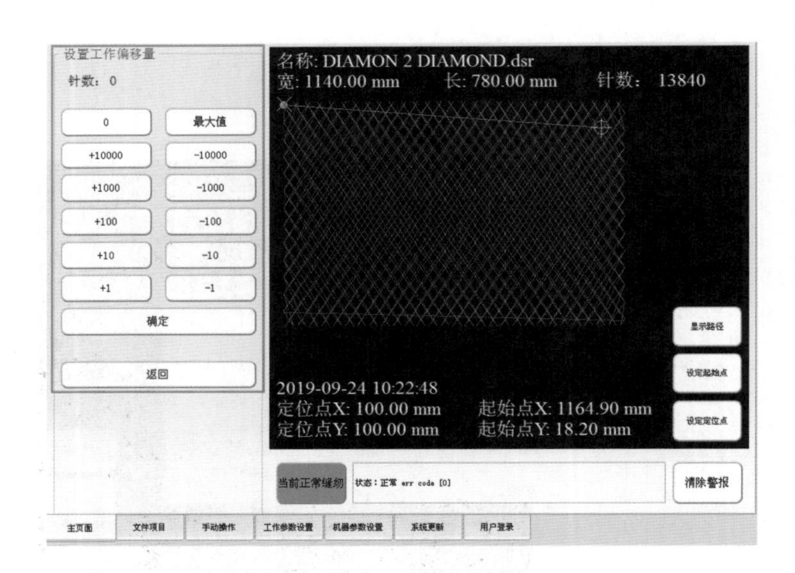

图3-101 设置工作偏移量界面

（6）如果机头在某个方向不在框内，先单击“回定位点”，通过移动缝框调整定位点的相对位置，单击“设置定位点”按键，重新设置定位点，重复上述步骤，直到光标在四个端点时机头均在框内。

（7）模拟缝纫，点击主界面下侧的绿色键“当前正常缝纫”，如图3-102所示；将模式切换至白色键“当前模拟缝纫”，如图3-103所示。点击设备启动按钮，开始空走，检查缝制轨迹。

在不缝制的情况下，通过空走，即机头及机针按照正常缝制时的轨迹运行一遍，检查缝制的轨迹是否超出实际范围。“当前模拟缝纫”时白色框，为空走不缝制状态，“当前正常缝纫”是绿色框，为缝制状态，以单击为切换方式。

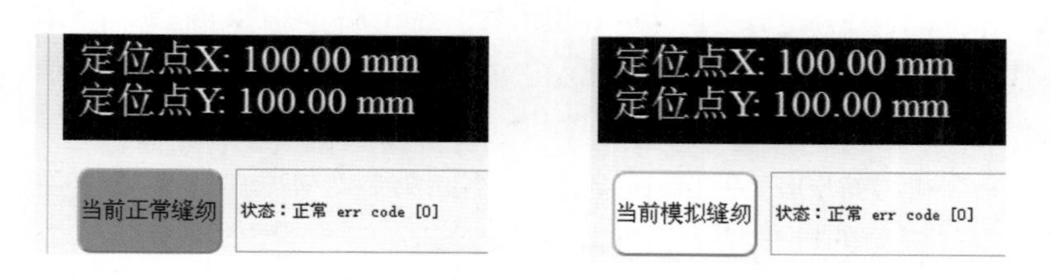

图3-102　“当前正常缝纫”界面　　图3-103　“当前模拟缝纫”界面

4. **缝制前检查**

（1）空走结束后，按停止按钮，缝制轨迹如果在允许范围内，单击操作屏“当前模拟缝纫”，变为“当前正常缝纫”。

（2）羽绒服的面料属于薄料，缝制薄料，常用针为10～16号针。根据缝料选择合适的针号，一般缝料越厚，针号越大。

（3）将缝线用正确方式传入过线轨道，如图3-104所示，通过调节上、下夹线装置控制线松紧，薄料线需要将缝线调节得松一些。

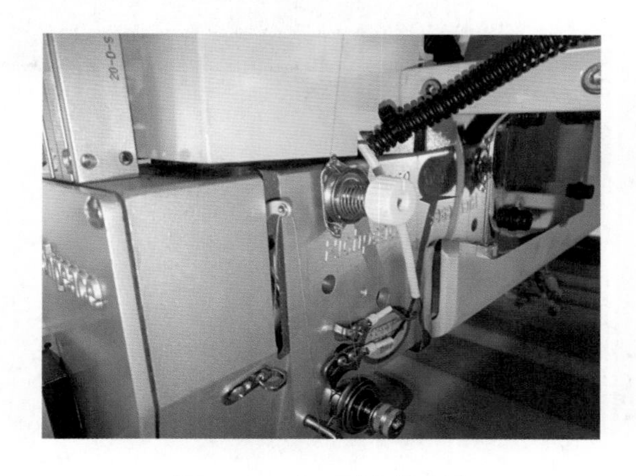

图3-104　上、下夹线装置

（4）将梭芯、梭壳（图3-105）正确装入机器旋梭内，如图3-106所示。

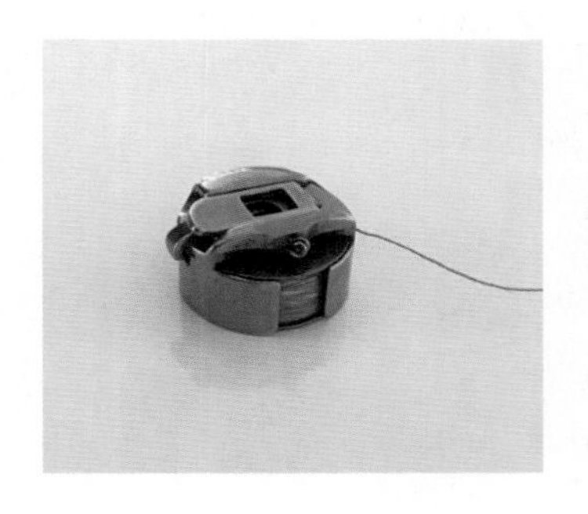

图3-105　梭芯、梭壳

图3-106　梭芯、梭壳正确安装

（5）检查缝制速度。如图3-107所示，点击下侧的“用户登录”，进入“用户登录”界面，输入密码后点击“OK”，如图3-108所示，点击触摸屏下侧的 “工作参数设置”，进入“工作参数设置”界面，如图3-109所示。在“主轴缝纫转速”输入数值，点击“OK”完成。

设备缝制速度一般为1000～2500rpm，依照不同材料、不同用针、不同缝线，来变换缝制速度，一般来说，缝制的针步越大，缝制速度越慢。

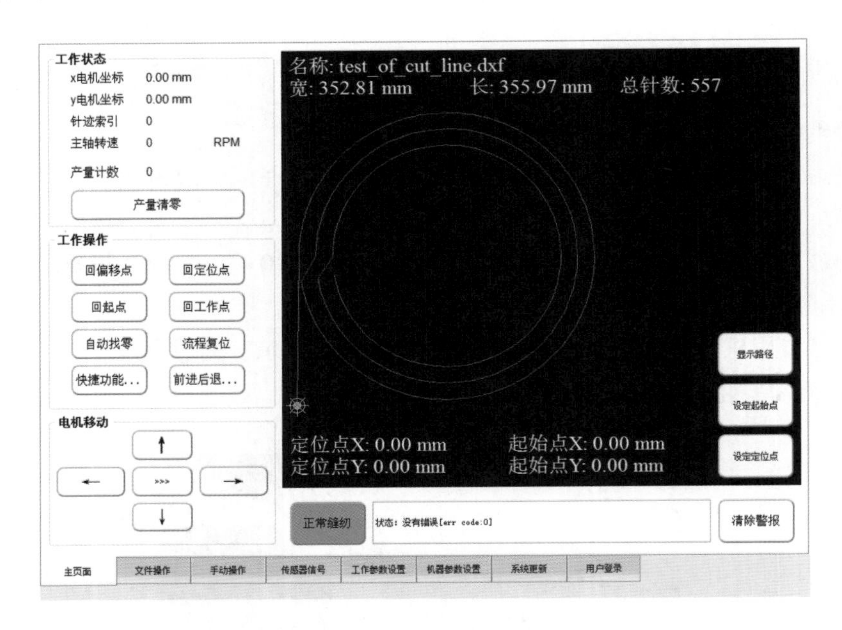

图3-107 “用户登录”位置

图3-108 “用户登录”界面

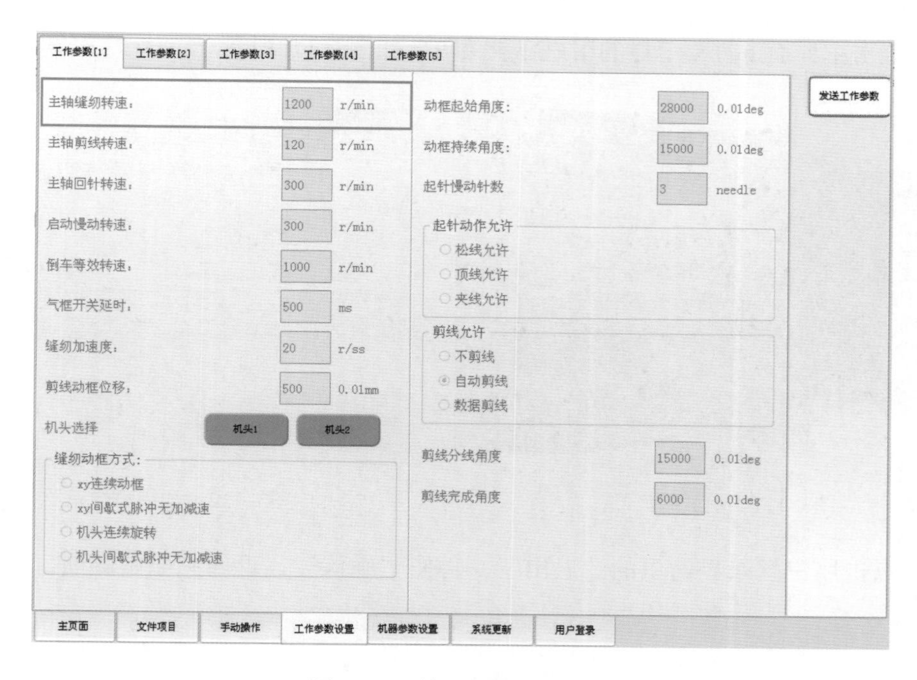

图3-109　输入主轴缝纫转速

5. 缝制产品

（1）点击启动按钮开始缝制。

（2）缝制羽绒服选用羽绒专用压脚，缝制棉服等一般选用普通压脚，如图3-110所示。羽绒缝制一般起针收针为密针，一次4针，针步为0.5mm；棉服缝制一般起针收针为回针为3次3针，针步为2mm。

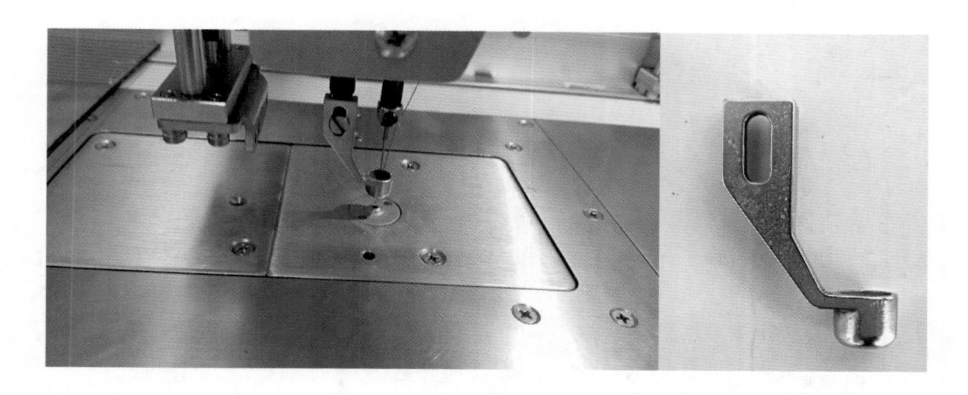

图3-110　羽绒服专用压脚

（3）如果在缝制过程中，底线用完，需要补线。点击“前进后退键”，进入“设置工作偏移量”界面，根据实际需要补缝的尺寸，加减对应的针数。

6. 取出模板及关机

（1）按停止按钮，设备停止使用。按气框开关，模板松开，将模板取出。

（2）缝制产品如图3-111所示。

（3）点击主界面下方菜单栏的用户登录菜单，如图3–112所示。

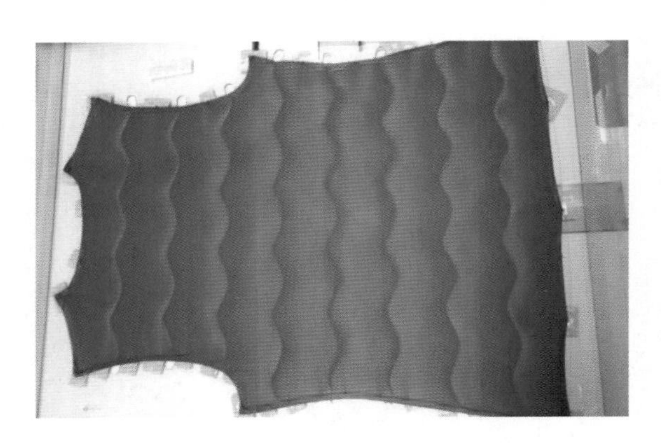

图3–111　羽绒服产品

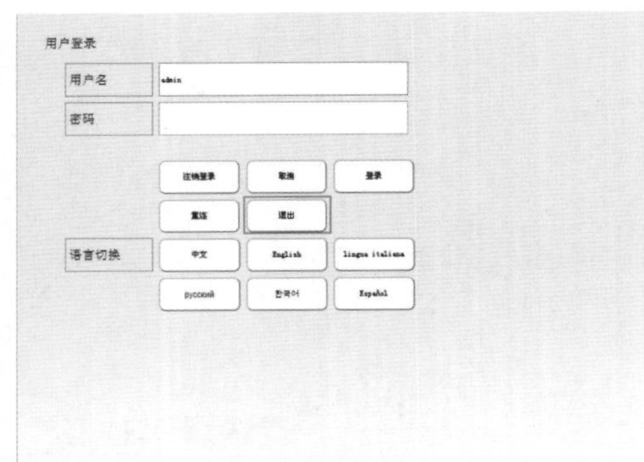

图3–112　“用户登录”

（4）点击用户登录界面里的“退出”，再按“确认”，返回到原始界面，如图3–113所示。

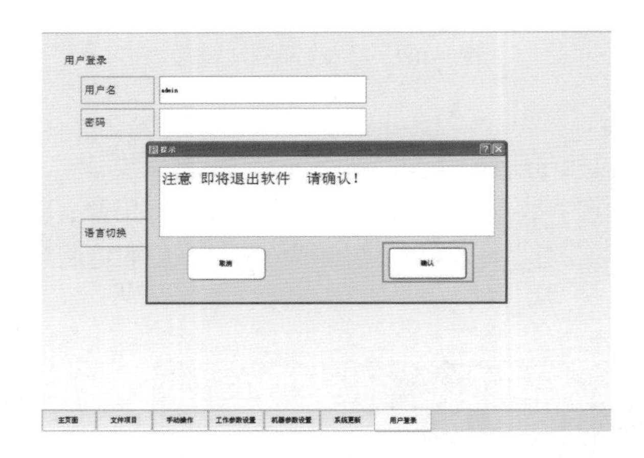

图3–113　“退出”位置

（5）单击原始界面左下侧“开始”，再单击“关机”，关机界面如图3–114所示。

（6）按下面板③的红色关机按钮，指示灯熄灭后，关闭开关电源②，如图3–115所示。

图3–114　关机界面

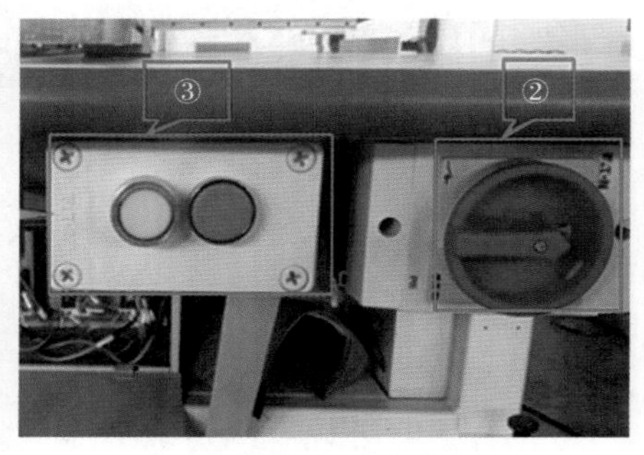

图3–115　关机按钮

二、棉服后片的缝制

1. 棉服后片花型

缝制棉服后片花型示意图如图3-116所示。此案例主要介绍缝制的产品包含尖角图形的缝制方法以及注意事项。为了保证尖角图形缝制的美观，尖角处比较尖锐。

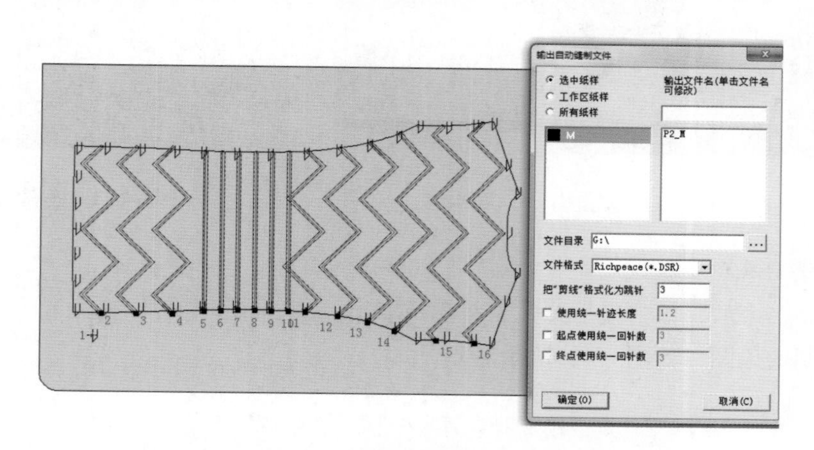

图3-116　棉服后片花型

2. 输入文件

（1）将存有线迹文件的U盘插入显示器下侧的U盘插口中。

（2）单击显示器“文件项目”菜单，单击“导入文件”。

（3）找到“后背”文件后直接单击，即可导入机器。

（4）单击“打开文件”，找到“后背”文件，单击该文件，该线迹文件自动显示到主界面上。

3. 装模板定位与模拟缝制

（1）开启气框开关，将模板正确放置到缝框中，关闭气框。

（2）设置定位点，按下电机移动键，移动缝框使模板定位点与针板孔重合，单击“设定定位点”确认即可。

（3）模拟缝制，单击绿色框“当前正常缝纫”，主界面显示白色框“当前模拟缝纫”，按启动按钮设备模拟缝制。

4. 缝制产品

（1）空走检查结束后，按停止按钮，设备停止模拟缝纫，点击白色框“当前模拟缝纫”，主界面显示绿色框“当前正常缝纫”。

（2）缝制棉服材料，一般选用11～16号针。根据缝料的厚度选择合适的针号。

（3）将缝线用正确方式传入过线轨道，通过上、下夹线装置调整缝线的松紧。

（4）检查梭芯，将梭芯正确装入机器旋梭内。

（5）缝料、缝线和针号都会影响缝制速度的选择，缝制速度可以选择的区间为100～2500rpm，一般缝制速度为2000rpm左右。

（6）线迹起针距离裁片边缘建议3～5mm，如图3-117所示。

（7）起针收针建议用回针方式，2次3针，针步一般为2.5mm，如图3–118所示。

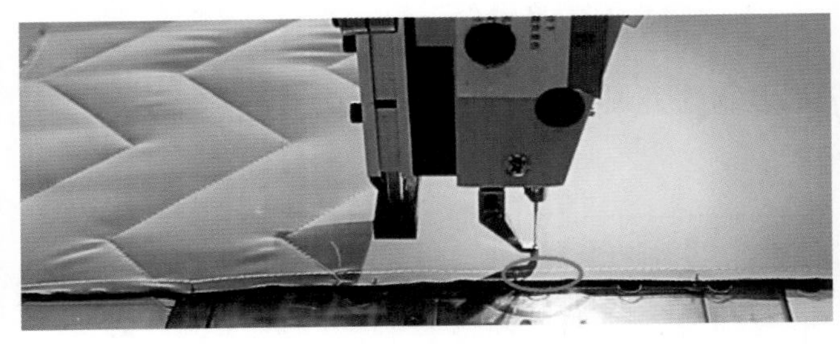

图3–117　缝制图

图3–118　缝制示意图

5. 结束缝制及取出模板

（1）缝制结束后，单击气框开关，将模板取出。

（2）缝制效果图，如图3–119所示。

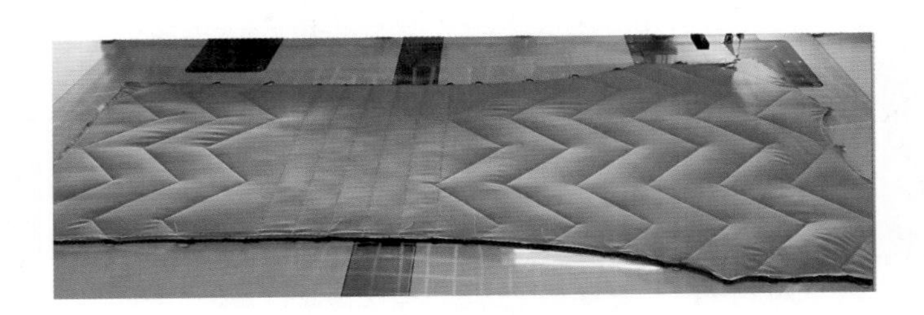

图3–119　缝制产品

6. 尖角修正

缝制尖角时，如果尖角不尖，可以在全自动缝纫机上设置相关参数进行调整。删除该文件，重新用U盘导入该文件，点击触摸屏下侧的“文件项目”，进入“文件参数界面”，在“文件参数”界面点击“导入文件”，如图3–120所示。在“设置角度修正”位置输入参数进行调整，修正值一般为10～50，如图3–121所示。最开始输入的修正值一般为5，进行缝制，根据缝制的效果，每次增加5，直到缝制的产品达到预期的效果，如图3–122所示。

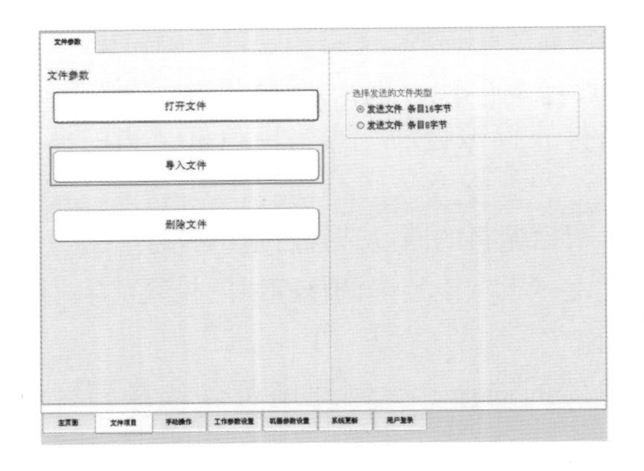

图3–120　“文件参数”界面

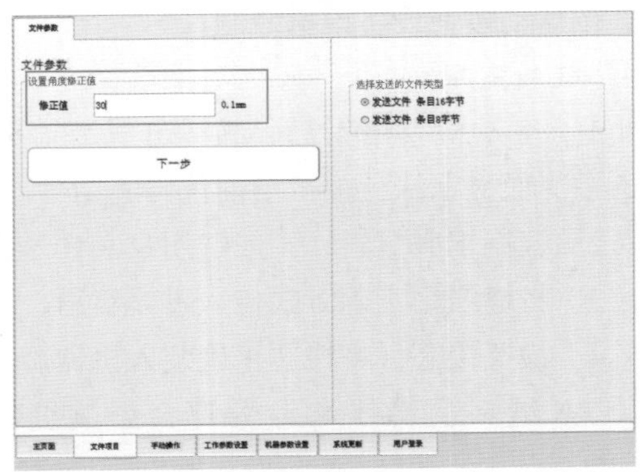

图3–121　输入角度修正值

三、棉服前片的缝制

1. 棉服前片花型

缝制棉服前片花型示意图如图3-123所示。

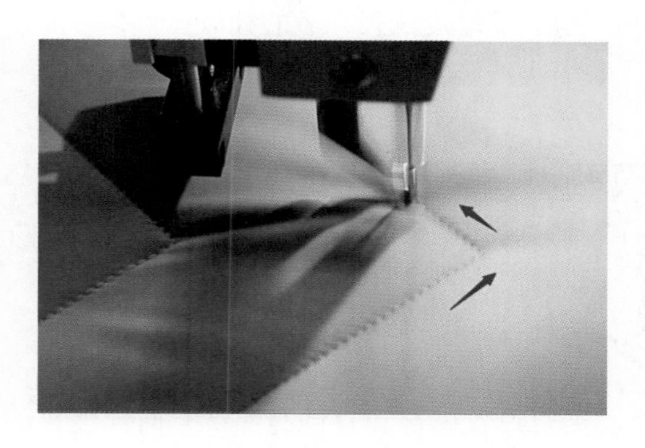

图3-122　缝制尖角示意图

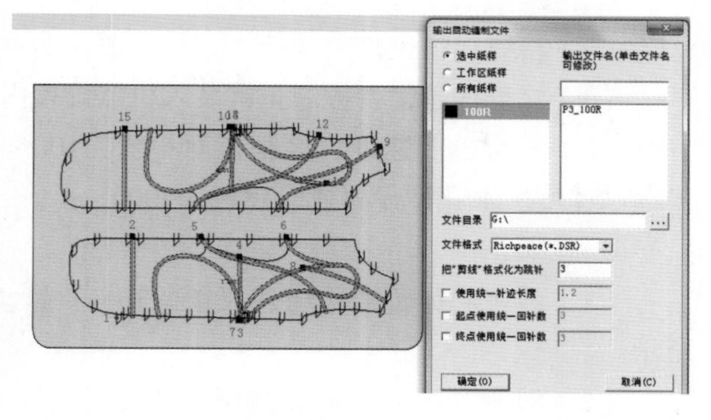

图3-123　棉服前片花型

分支线迹是由两条或多条缝线做“T”字形交叉组成的，以最简单的分支线迹是由两条缝线形成“人”字形或“T”字形为例做介绍，如图3-124、图3-125所示。

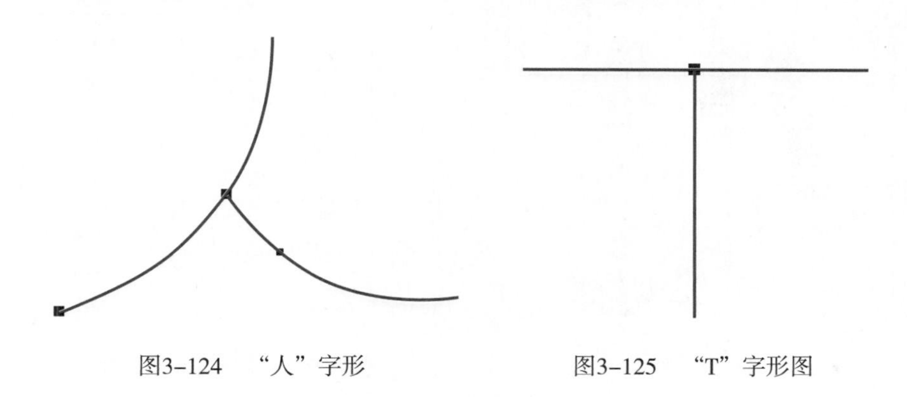

图3-124　“人”字形　　　　图3-125　“T”字形图

2. 输入文件

（1）将存有线迹文件的U盘插入显示器下侧的U盘插口中。

（2）单击显示器“文件项目”菜单，单击“导入文件”。

（3）找到“前片”文件后直接单击，即可导入机器。

（4）单击“打开文件”，找到“前片”文件，单击该文件，该线迹文件自动显示到主界面上。

3. 装模板定位与模拟缝制

（1）开启气框开关，将模板放置到机器框架中，关闭气框。

（2）设置定位点，按下电机移动键，移动缝框使得模板定位点与针板孔重合，单击“设定定位点”确认即可。

（3）模拟缝制，单击绿色框“当前正常缝纫”，主界面显示白色框“当前模拟缝纫”，按启动按钮设备模拟缝制。

4. 缝制前检查

（1）空走检查结束后，按停止按钮，设备停止模拟缝纫，点击白色框“当前模拟缝纫”，主界面显示绿色框“当前正常缝纫”。

（2）缝制棉服材料，一般选用11～16号针，根据缝料的厚度选择合适的针号。

（3）将缝线用正确方式传入过线轨道，通过上、下夹线装置调整缝线的松紧。

（4）检查梭芯，将梭芯正确装入机器旋梭内。

（5）检查缝制速度，缝制速度一般为100～2500rpm，依照不同材料和不同用针，来变换缝制速度。本花型设置速度建议为2000rpm。

5. 缝制产品

（1）线迹起针距离边缘建议预留3mm，针步一般为2.5mm，选用普通压脚，如图3-126所示。

（2）缝制线迹的起点和结束点在缝料边缘时，需要设置起针和收针为回针，回针设置成2次3针，针步为2mm，两条缝线的交叉点处于缝料的内部时，设置起针和收针为密针，回针设置成1次5针，针步为0.5～1mm，缝制效果如图3-127所示。

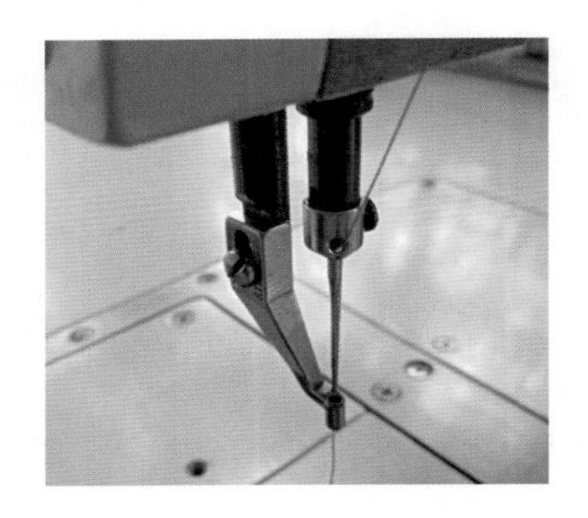

图3-126　普通压脚

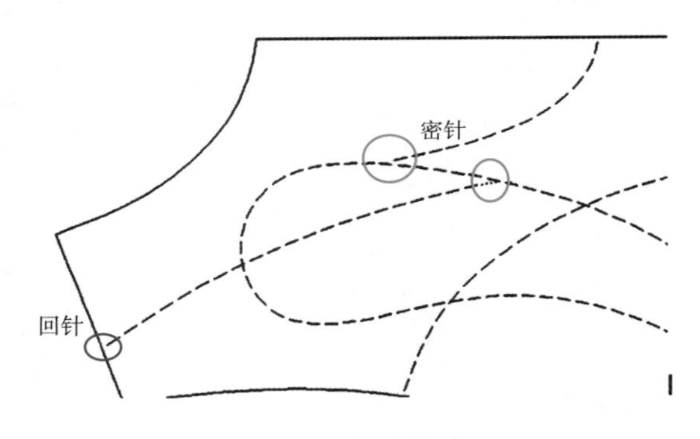

图3-127　缝制效果示意图

6. 结束缝制及取出模板

（1）缝制结束后，单击气框开关，将模板取出。

（2）缝制效果图，如图3-128所示。

四、坐垫的缝制

1. 坐垫花型

缝制坐垫花型示意图如图3-129所示。

2. 输入文件

（1）将存有线迹文件的U盘插入显示器下侧的U盘插口中。

（2）单击显示器“文件项目”菜单，单击“导入文件”。

（3）进入“文件参数”界面，可设置角度修正值，一般修正值为10～30；根据不同花型的拐角大小而定，如图3-130所示。

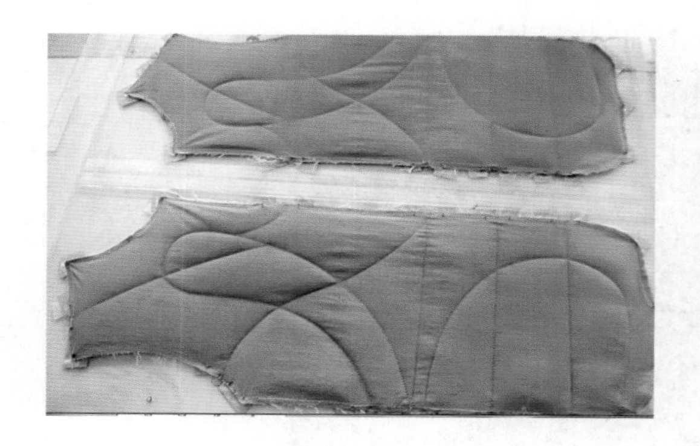

图3-128　缝制产品

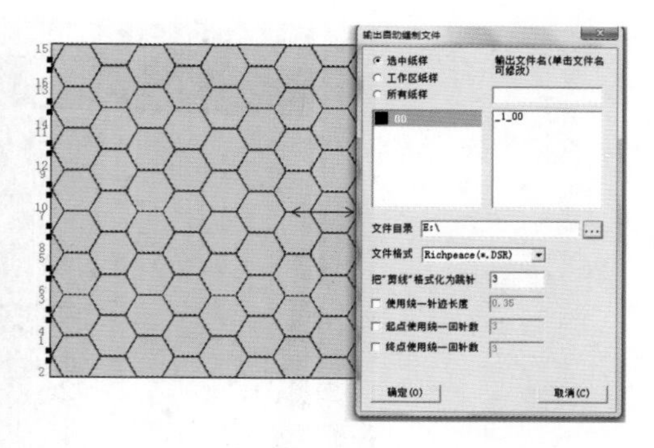

图3-129　坐垫花型

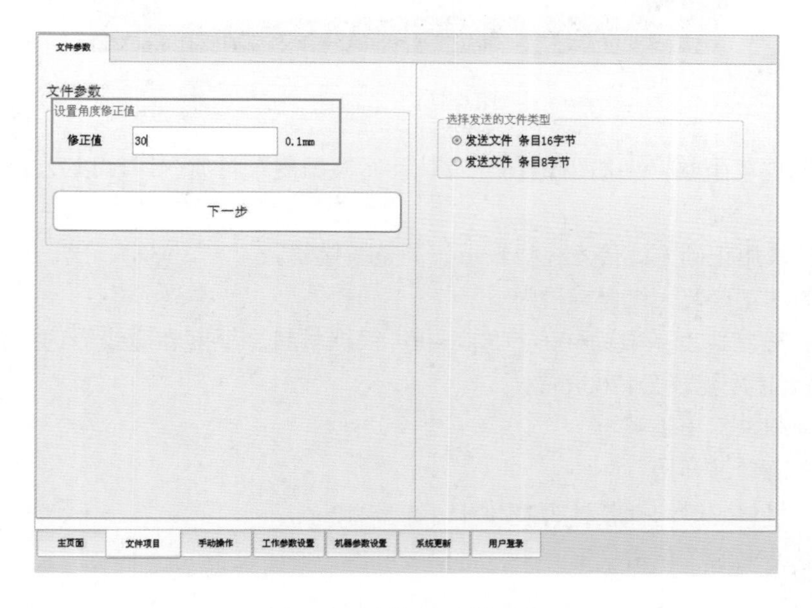

图3-130　设置角度修正值

（4）找到“六边形”文件后直接单击，该文件导入机器。

（5）点击“打开文件”，找到“六边形”文件，单击该文件，该线迹文件自动显示到主界面上，如图3-131所示。

3. **装模板定位与模拟缝制**

（1）开启气框开关，将模板放置到机器框架中，关闭气框。

（2）设置定位点，按下电机移动键，移动缝框使模板定位点与针板孔重合，单击“设定定位点”确认即可。

（3）模拟缝制，单击绿色框“当前正常缝纫”，主界面显示白色框“当前模拟缝纫”，按启动按钮设备模拟缝制。

4. **缝制产品**

（1）空走检查结束后，按停止按钮，设备停止模拟缝纫，点击白色框“当前模拟缝纫”，主界面显示绿色框“当前正常缝纫”。

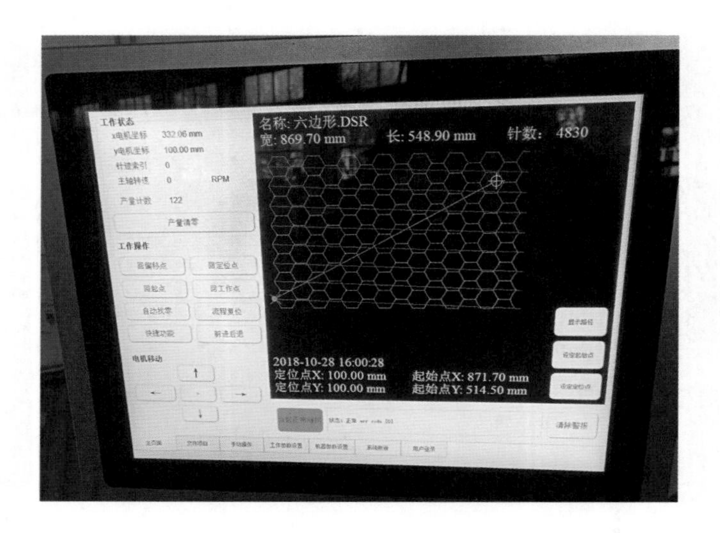

图3-131　主界面

（2）缝制皮革坐垫，一般采用16～22号针。根据皮革材质、厚度以及缝线选择合适的针号。

（3）将缝线用正确方式传入过线轨道，调整线松紧。

（4）将梭芯正确装入机器旋梭内。

（5）厚料缝制速度一般为600～1500rpm。根据材料、厚度和缝线等选择合适的缝制速度，本花型缝制速度建议为1200rpm。

5. **结束缝制及取出模板**

（1）点击启动键开始。

（2）皮革材料一般起针收针为3次2针，针步为2mm。

（3）缝制结束后，单击气框开关，将模板取出，关闭设备。

（4）缝制效果图，如图3-132所示。

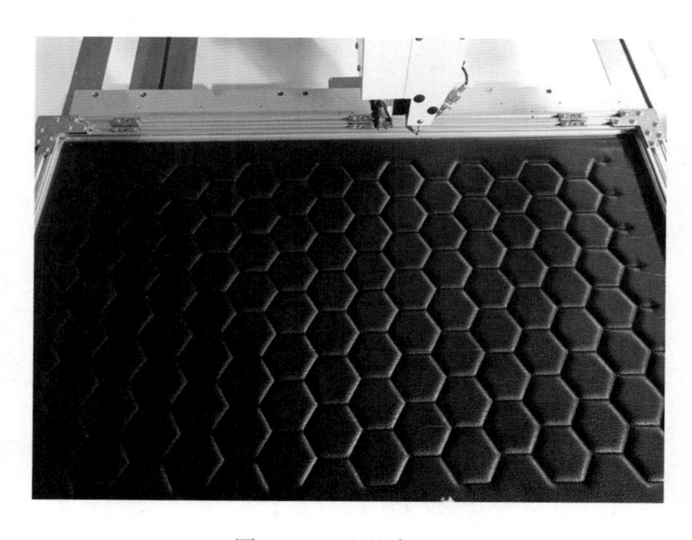

图3-132　坐垫产品图

五、床头靠背的缝制

1. 床头靠背花型

床头靠背花型示意图如图3-133所示。

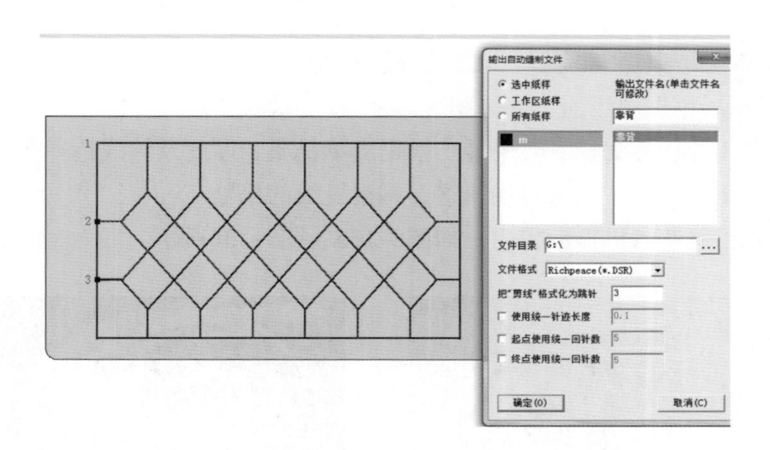

图3-133　床头靠背花型

2. 输入文件

（1）将存有线迹文件的U盘插入显示器下侧的U盘插口中。

（2）单击显示器“文件项目”菜单，单击“导入文件”。

（3）找到“靠背”文件后直接单击，该文件导入机器。

（4）点击“打开文件”找到“靠背”文件，单击该文件，该线迹文件自动显示到主界面上。

3. 装模板定位与模拟缝制

（1）开启气框开关，将模板放置到机器框架中，关闭气框，如图3-134所示。

（2）设置定位点，按下电机移动键，移动缝框使模板定位点与针板孔重合，单击

图3-134　放置模板

“设定定位点”确认即可。

（3）模拟缝制，单击绿色框“当前正常缝纫”，主界面显示白色框“当前模拟缝纫”，按启动按钮设备模拟缝制。

4. **缝制前检查**

（1）空走检查结束后，按停止按钮，设备停止模拟缝纫，点击白色框“当前模拟缝纫”，主界面显示绿色框“当前正常缝纫”。

（2）一般采用的针号为14～22号针。根据皮革材质、厚度及缝线选择合适的针号。

（3）将缝线用正确方式传入过线轨道，调整缝线的松紧。

（4）将梭壳正确装入机器旋梭内，如图3-135、图3-136所示。

图3-135　梭芯、梭壳

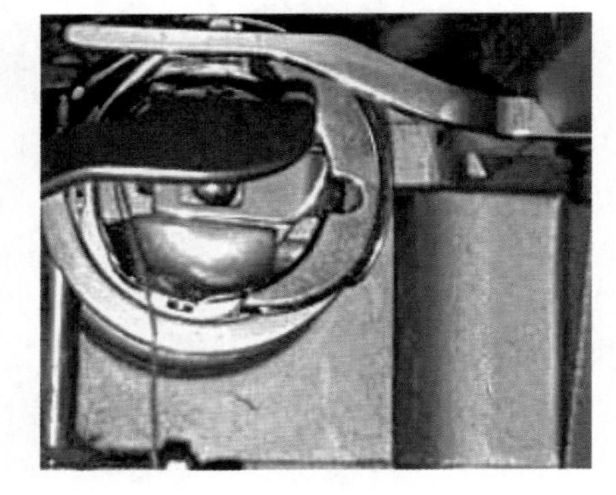

图3-136　安装梭壳

（5）厚料缝制速度为600～1500rpm，根据材料、厚度和缝线等选择合适的缝制速度。本花型缝制速度建议为1200rpm。

5. **缝制产品**

（1）点击启动键开始。

（2）此花型需要往复缝制，缝制时会有重线情况。两根重线在交叉口分开时，如有拐角不尖的情况，如图3-137所示，设置角度修正值。

图3-137　缝制尖角

6. 结束缝制及取出模板

（1）缝制结束后，单击气框开关，将模板取出。

（2）缝制效果图，如图3-138所示。

图3-138　缝制产品

六、双色线汽车内饰的缝制

1. 双色线汽车内饰

双色线汽车内饰花型示意图如图3-139所示。

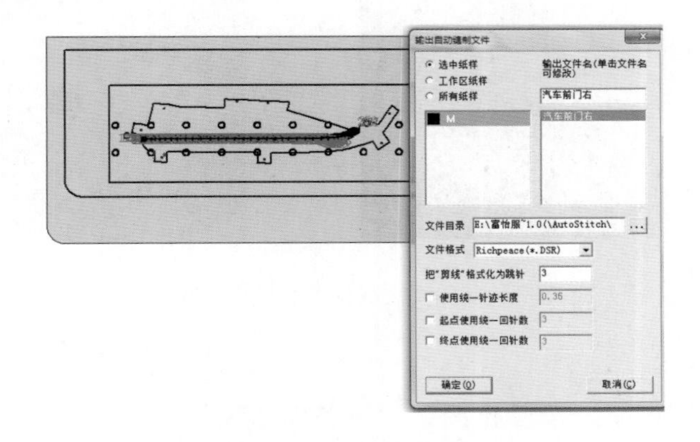

图3-139　双色线汽车内饰花型

2. 输入文件

（1）将存有线迹文件的U盘插入显示器下侧的U盘插口中。

（2）单击显示器“文件项目”菜单，单击导入该文件。

（3）找到文件后直接单击，该文件导入机器。

（4）点击“打开文件”找到线迹文件，单击该文件，该线迹文件自动显示到主界面上。

3. 装模板定位与模拟缝制

（1）开启气框开关，将模板放置到机器框架中，关闭气框。

（2）模板如图放置到正确位置上，如图3-140所示。

（3）设置定位点，设置定位点，按下电机移动键，移动缝框使得模板定位点与针板孔重合，单击“设定定位点”确认即可，如图3-141所示。

（4）模拟缝制，单击绿色框“当前正常缝纫”，主界面显示白色框“当前模拟缝纫”，按启动按钮设备模拟缝制。

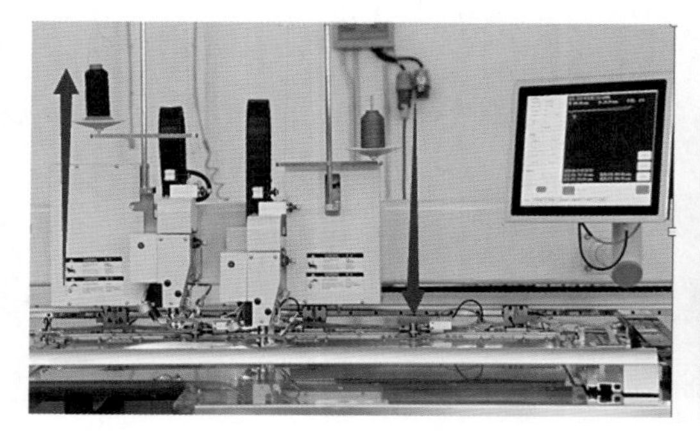

图3-140 缝料放入模板

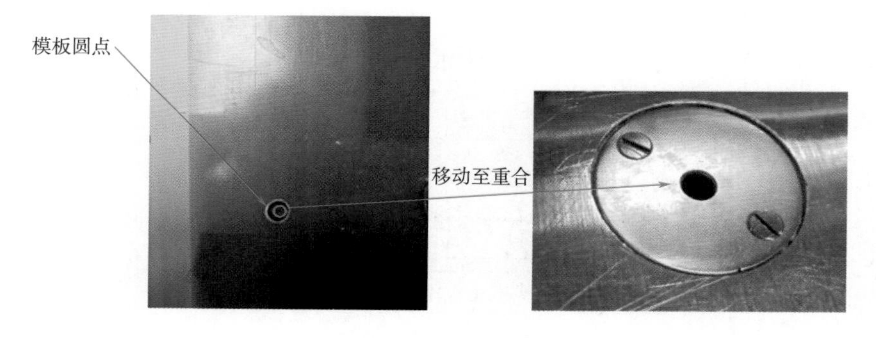

图3-141 模板定位点和针板孔重合

4. 缝制前检查

（1）空走检查结束后，按停止按钮，设备停止模拟缝纫，点击白色框“当前模拟缝纫”，主界面显示绿色框“当前正常缝纫”。

（2）一般采用的针号为14～22号针。根据皮革材质、厚度及缝线选择合适的针号。

（3）将缝线用正确方式传入过线轨道，再用上、下夹线装置位置调整缝线的松紧。

（4）检查梭芯，将梭芯正确装入机器旋梭内。

（5）检查缝制速度，皮革缝制速度为800～1500rpm，根据材料、针号和缝线选择合适的缝制速度，此花型设置速度为1000rpm。

5. 缝制产品及取出模板

（1）点击启动按钮开始缝制。

（2）使用缝制黑色线的机头缝制产品时，设置的针步为2mm，橙色线的机头缝制产品时，设置的针步为5mm的皮革常规针步，如图3-142所示。

图3-142　黑色线、橙色线缝制线迹

（3）缝制过程中，收针剪线后，机头自动抬升，夹线装置自动夹住面线，缝制下一条线迹时自动松开面线，主要是解决起针时缝料反面线团大的问题。如图3-143所示为夹线过程。

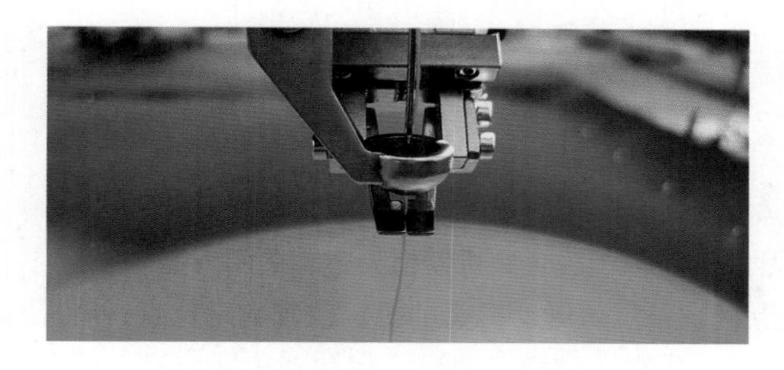

图3-143　夹线

（4）缝制结束后，单击气框开关，将模板取出。

（5）缝制效果图，如图3-144所示。

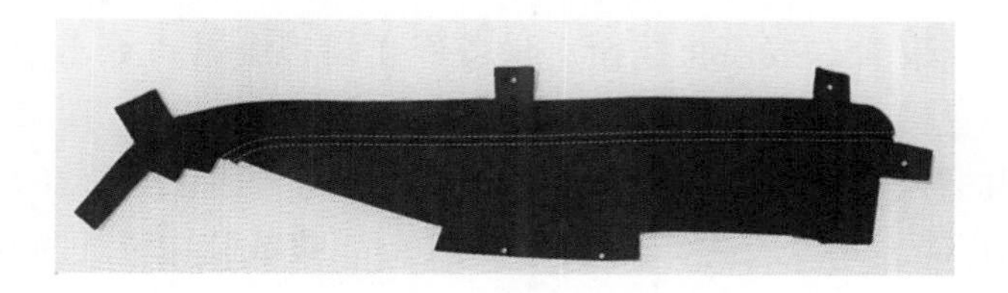

图3-144　缝制产品图

七、汽车坐垫的缝制

1. 汽车坐垫

汽车坐垫花型示意图如图3-145所示。

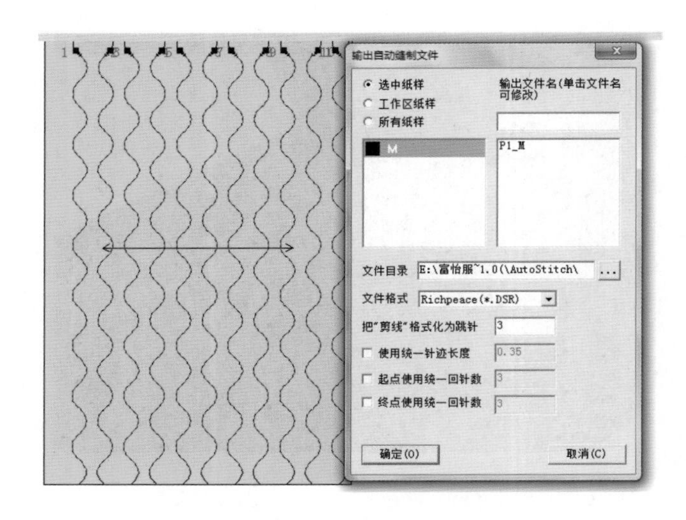

图3-145　坐垫花型

2. **输入文件**

（1）将存有线迹文件的U盘插入显示器下侧的U盘插口中。

（2）单击显示器“文件项目”菜单，单击导入该文件。

（3）找到“曲线花型”文件后直接单击，该文件导入机器。

（4）点击“打开文件”找到“曲线花型”文件，单击该文件，该线迹文件自动显示到主界面上。

3. **装模板定位与检查行驶轨迹**

（1）开启气框开关，将模板放置到机器框架中，关闭气框。

（2）设置定位点，设备默认缝纫机头的机针位置为定位点，将屏幕上线迹文件模拟成缝框，结合线迹图样按下导轨移动键，使机针移动到预期位置，单击“设定定位点”确认即可。

（3）模拟缝制，单击绿色框“当前正常缝纫”，主界面显示白色框“当前模拟缝纫”，按启动按钮设备模拟缝制。

4. **缝制前检查**

（1）空走检查结束后，按停止按钮，设备停止模拟缝纫，点击白色框“当前模拟缝纫”，主界面显示绿色框“当前正常缝纫”。

（2）一般采用的针号为14～22号针。根据皮革材质、厚度及缝线选择合适的针号。

（3）将缝线用正确方式传入过线轨道，再用上、下夹线装置位置调整缝线的松紧。

（4）检查梭芯，将梭芯正确装入机器旋梭内。

（5）检查缝制速度，皮革缝制速度为400～1500rpm，根据材料、针号和缝线选择合适的缝制速度，此花型设置速度为1000rpm。

5. **缝制及取出模板**

（1）点击启动按钮开始缝制。

（2）缝制结束后，单击气框开关，将模板取出。缝制效果图，如图3-146所示。

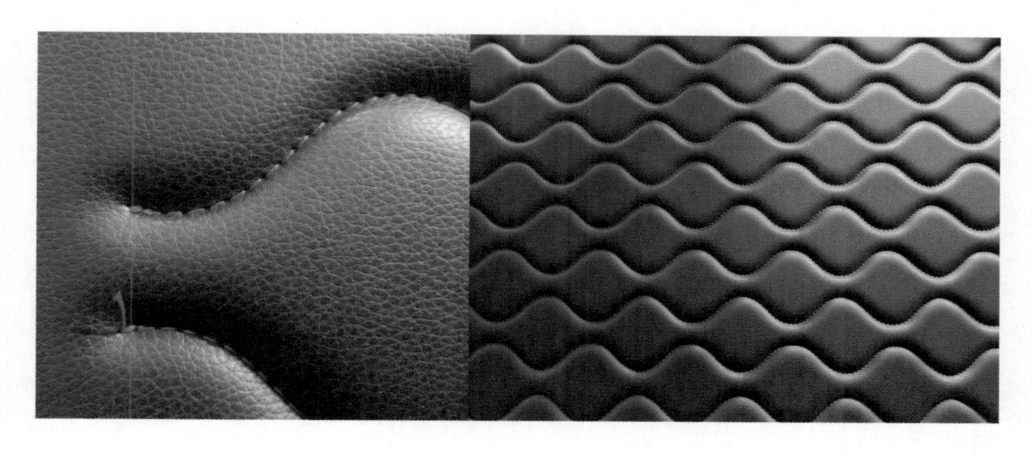

图3-146　缝制产品图

第八节　全自动缝纫机按键操作面板介绍

目前全自动缝纫机除了使用触摸屏控制设备外，也有按键操控面板控制设备，本节简要介绍按键操作面板的界面介绍。

一、主界面快捷键

全自动缝纫机的操作显示器如图3-147所示。

图3-147　操作显示器

（1）存储管理。

（2）辅助功能。

（3）参数设置。

（4）手动功能。
（5）升速。
（6）降速。
（7）回停机点。
（8）框架归零。
（9）手动剪线。
（10）空走。
（11）定起针点，回起针点。
（12）定偏移点，回偏移点。
（13）定穿线点，回穿线点。
（14）定模板定位点回模板定位点，先定模板定位点，才能定起针点。
（15）针梭校对。
（16）按针进框。
① 进1针，进10针，进100针，进1000针，进10000针。
② 退1针，退10针，退100针。
③ 退1000针，退10000针。
（17）主轴点动。
（18）左移框，右移框，上移框，下移框。
（19）移框速度等级（1～4）。
（20）ESC返回主界面。
（21）OK确定键。

二、存储管理

箭头上移键，箭头下移键，确定功能按OK键，或者直接按1，2，3，4，5，6，7键。

1. 花样选择

选择要缝纫的花样，3花样预览，在花样预览时，1花样旋转，2花样翻转。

2. U盘输入

输入要存储的花样。

3. 输出花样到U盘

从操作箱中复制花样到U盘中。

4. 花样删除

删除存储的花样。

5. 花样总清

存储花样清空。

6. U盘删除

删除U盘中存储的内容。

7. U盘清空

格式化U盘。注意：在“U盘输入，输出花样到U盘，花样删除，U盘删除”界面中，快捷键①单选，②全选，③花样预览、上翻页，下翻页，+/-箭头上移键，-箭头下移键，OK确定，ESC退出。

三、辅助功能

1. 生产统计

统计总产量。

2. 时间管理

设置操作箱显示时间，+/-箭头上移键，-箭头下移键，时间增加，时间减小，OK确定，ESC退出。

3. 超级用户

（1）密码7689 系统升级，或者更改Richpeace图标。

（2）密码8611系统初始化，将删除花样，恢复参数默认值。

（3）密码1358网络设定，上移键，下移键。

（4）密码1628主控地址查询，输入十进制。

（5）密码7481分期加密。

（6）密码7418分期解密。

（7）密码1603系统测试。

① 主轴研车，测试主轴动作，▲，▼键增减速度，单位100。

② 面线断检测试，OK确定面线断线检测，ESC退出。

③ 底线断检测试，OK确定底线断线检测，ESC退出。

④ 扣线测试，OK确定扣线测试，ESC退出。

4. 语言

①中文，②英文。

四、参数设定

上翻页，下翻页，+/-上移键，-下移键，0修改参数，OK确定修改或者保存参数，ESC退出；选择“穿线点坐标标志，穿线点坐标X，穿线点坐标Y”其中任何一个，按END键，使穿线点XY坐标设置成当前坐标；选择“偏移点坐标标志，偏移点坐标X，偏移点坐标Y”其中任何一个，按END键，使偏移点X、Y坐标设置成当前坐标。参数设定如图3–148所示。

（1）最低转速设定：范围为（100～2500）rpm。

（2）最高转速设定：范围为（100～2500）rpm。

（3）工作转速：工作时的最高转速，范围为（最低转速设定～最高转速设定）。

（4）启动转速：主轴启动时的转速，范围为（100～500）rpm。

（5）停止转速：主轴停止时的转速，范围为（100～500）rpm。

参数设置	提示:按数字键0修改参数
最低转速设定(100-3000)	500
最高转速设定(100-3000)	2000
工作转速	1500
启动转速(100-500)	200
停止转速(100-500)	300
慢动转速	100
倒车转速(100-3000)	500
切画转速	500
升速加速度(100-1000)	200
降速加速度(100-1000)	200

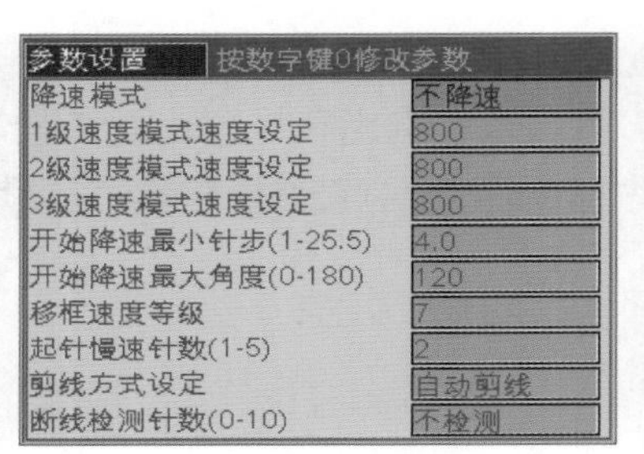

参数设置	按数字键0修改参数
降速模式	不降速
1级速度模式速度设定	800
2级速度模式速度设定	800
3级速度模式速度设定	800
开始降速最小针步(1-25.5)	4.0
开始降速最大角度(0-180)	120
移框速度等级	7
起针慢速针数(1-5)	2
剪线方式设定	自动剪线
断线检测针数(0-10)	不检测

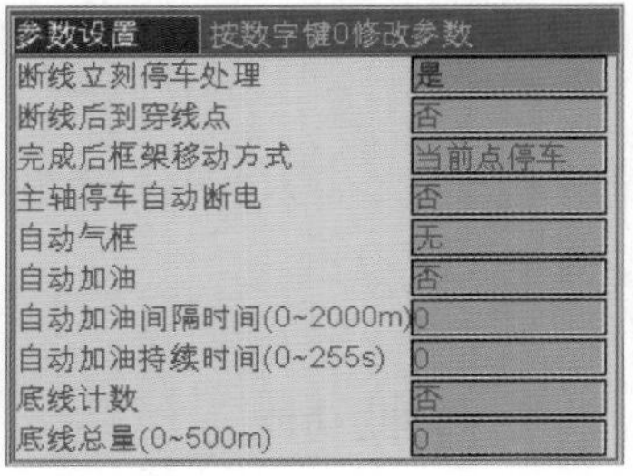

参数设置	按数字键0修改参数
断线立刻停车处理	是
断线后到穿线点	否
完成后框架移动方式	当前点停车
主轴停车自动断电	否
自动气框	无
自动加油	否
自动加油间隔时间(0~2000m)	0
自动加油持续时间(0~255s)	0
底线计数	否
底线总量(0~500m)	0

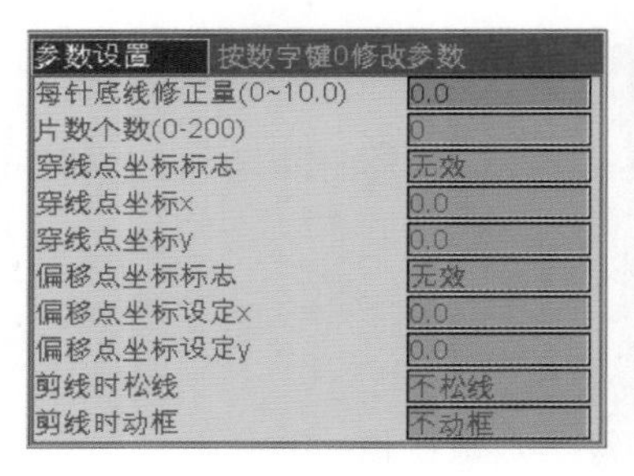

参数设置	按数字键0修改参数
每针底线修正量(0~10.0)	0.0
片数个数(0-200)	0
穿线点坐标标志	无效
穿线点坐标x	0.0
穿线点坐标y	0.0
偏移点坐标标志	无效
偏移点坐标设定x	0.0
偏移点坐标设定y	0.0
剪线时松线	不松线
剪线时动框	不动框

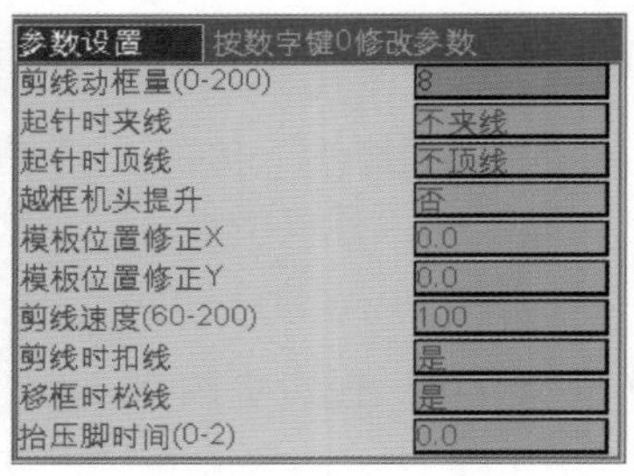

参数设置	按数字键0修改参数
剪线动框量(0-200)	8
起针时夹线	不夹线
起针时顶线	不顶线
越框机头提升	否
模板位置修正X	0.0
模板位置修正Y	0.0
剪线速度(60-200)	100
剪线时扣线	是
移框时松线	是
抬压脚时间(0-2)	0.0

图3-148　操作界面

（6）慢动转速：主轴慢动时的转速，范围为（100～工作转速）rpm。

（7）倒车转速：倒车时主轴的等效转速，范围为（100～2500）rpm。

（8）切画转速：激光切割或画笔画图时的等效转速，范围为（100～2500）rpm。

（9）升速加速度：范围为（100～1000）rpm。

（10）降速加速度：范围为（100～1000）rpm。

（11）降速模式：固定降速默认，根据针步中的降速码来降速；智能降速，根据针步大小和拐弯角度大小来自动变速。

（12）1级速度模式速度设定：设定值范围为（最低转速设定～最高转速设定）。

（13）2级速度模式速度设定：设定值范围为（最低转速设定～最高转速设定）。

（14）3级速度模式速度设定：设定值范围为（最低转速设定～最高转速设定）。

（15）开始降速最小针步：范围为（0.1～25.5）mm；从设定值到最大值（25.5mm）线性对应（工作转速—最低转速设定），自动变速。

（16）开始降速最大角度：范围为（0～180）度；从设定值到最小值（0）线性对应（工作转速～最低转速设定），自动变速。

（17）移框速度等级：范围为（1～10）。

（18）起针慢速针数：范围为（1～5），单位：1针，默认：1。

（19）剪线方式设定：自动剪线（默认）；不剪线。

（20）断线检测针数：断线不检测（默认）针数，断线连续多少针检测到断线信号认为是断线（最大10针）。

（21）断线立刻停车处理：断线立刻停车处理（默认）；完成当前线迹停车再处理。

（22）断线后到穿线点：断线后不去（默认）穿线点；移动到穿线点。

（23）完成后框架移动方式：在当前位置停车（默认），回起点，回偏移点。
（24）主轴停车自动断电：不断电（默认）；断电。
（25）自动气框：是否有自动气框。
（26）自动加油：是否自动加油。
（27）自动加油间隔时间：单位为秒。
（28）自动加油持续时间：单位为秒。
（29）底线针数：是否底线计数。
（30）底线总量：单位为0.1mm，默认为0。
（31）每针底线修正量：单位为0.1mm，默认为0。
（32）片数个数：可以设置0～200片后提醒更换底线。
（33）穿线点坐标标志：穿线点坐标是否有效。
（34）穿线点坐标X：穿线点X的坐标值。
（35）穿线点坐标Y：穿线点Y的坐标值。
（36）偏移点坐标标志：偏移点坐标是否有效。
（37）偏移点坐标设定X：偏移点X的坐标值。
（38）偏移点坐标设定Y：偏移点Y的坐标值。
（39）剪线时松线：不松线（默认），松线。
（40）剪线时动框：不动框（默认），动框（向前、向后、向左、向右）。
（41）剪线动框量（0～200）：剪线时缝移动的距离。
（42）起针时夹线：起针时是否夹线。
（43）起针时顶线：起针时是否顶线。
（44）越框机头提升：越框时机头是否提升。
（45）模板位置修正X：模板位置X方向修正值。
（46）模板位置修正Y：模板位置Y方向修正值。
（47）剪线速度（60～200）：剪线时动刀移动速度。
（48）剪线时扣线：剪线时扣线叉是否扣线。
（49）移框时松线：移框时夹线器是否松线。
（50）抬压脚时间（0～2）：压脚抬起持续时间。

五、手动功能

上翻页，下翻页，箭头上移键，箭头下移键，确定功能按OK键或者直接按1，2，3，4，5，6，7，8，9键。

（1）手动剪线：面线、底线全剪线。
（2）回起始点：回到花样起始点。
（3）框架归零：使框架归零。
（4）主轴点动。
（5）按针进框。

① 进1针，进10针，进100针，进1000针，进10000针。

② 退1针，退10针，退100针，退1000针，退10000针。

（6）回偏移点：回到设置的偏移点。

（7）回穿线点：回到设置的穿线点。

（8）回停机点：回到缝纫的暂停点。

（9）手动移框。

（10）手动扣线。

（11）手动松紧线。

手动松线，手动紧线。

（12）手动勾线。

（13）手动松紧机头离合。

手动分离机头离合，手动结合机头离合。

（14）手动上下记号笔。

手动上记号笔，手动下记号笔。

（15）手动松紧切刀离合。

手动分离切刀离合，手动结合切刀离合。

（16）手动上下切刀。

手动上切刀，手动下切刀。

（17）主轴伺服开关。

开主轴伺服，关主轴伺服。

（18）激光开关。

激光出光，激光关闭。

（19）手动上下压脚。

手动上压脚，手动下压脚。

（20）手动开关气框。

手动打开气框，手动关闭气框。

（21）回停机点：回到缝纫的暂停点。

（22）手动加油。

思考与练习

1. 安全检查不包括以下哪些内容？（　　）

A. 工作环境安全检查　　B. 设备安全检查

C. 操作人安全注意事项　　D. 打扫卫生

2. 绕在梭芯上的底线不可超过梭芯可容量的（　　）。

A. 85%　　B. 100%　　C. 90%　　D. 80%

3. 使用条形码自动识别功能不需要做以下哪些准备？（　　）

A. 与条形码对应的线迹文件存储到计算机中

B. 模板粘贴好条形码

C. 将线迹文件打开到主界面

D. 将模板正确放置到缝框中

4. 上夹线装置不能够（　　）。

A. 能够剪断面线

B. 根据控制系统指令控制夹线片的开合

C. 控制不同方向的线迹的松紧度

D. 适用于缝制线迹方向变换较多的产品

5. 使用缝纫机缝制产品时，首先应该（　　）。

A. 开启设备　B. 安全检查　C. 放置模板　D. 模拟缝制

6. 简述全自动缝纫机缝制产品的一般流程。

训练与实践——

全自动缝纫机的保养

课题名称： 全自动缝纫机的保养

课题内容： 1. 设备保养的概述

2. 设备的维护与保养

3. 保养总要求及设备保养计划

4. 常见故障及解决措施

课题时间： 7课时

教学目的： 学习全自动缝纫机的保养和常见问题解决知识

教学方式： 课堂授课与实际操作相结合

教学要求： 1. 能够对全自动缝纫机进行保养。

2. 知道全自动缝纫机的常见问题，并知道对应的解决办法。

课前（后）准备： 现场了解全自动缝纫机保养零部件位置和常见问题的解决方法。

第四章　全自动缝纫机的保养

本章节主要讲述的是全自动缝纫机的一般保养方法，重点介绍需要保养的部分以及保养时需要注意的事项，直观深刻地了解全自动缝纫机的保养。

第一节　设备保养的概述

一、设备保养的概念

设备保养通常包括两方面，即预防保养、生产保养。所谓预防保养，指在机械没有出现故障以前，加以定期检查或定期护理。所谓生产保养，即指如何降低生产成本，提高产品质量的保养。

二、设备保养的目的

从设备保养的经济效益分析，设备的保养是在设备没有出现故障的情况下检查、清洗构件，更换易损件，添加更换润滑油，以保证维持设备正常工作。从表面看，设备的日常保养工作需要花费资金，但从长期利益看，保养有以下优点：

（1）日常保养操作简单，费用低，保证设备的正常作业的同时，减少零部件的磨损、延长设备的使用寿命，让企业更为科学合理地分配有限资源，达到“节流开源”的目的。

（2）设备使用年限越短，可靠性越高；使用年限越长，可靠性越低，设备容易有故障，设备的有形磨损越严重，修复其所需费用也就越大。设备的日常保养可以降低故障率，提高设备可靠性，降低修复费用，提高企业的经济效益。

三、设备保养的意义

“工欲善其事，必先利其器。”设备保养的意义在于按照设备固有的规律及客观经济规律，通过维护保养等手段，使其各种性能指标保持高度完好，提高其生产率和利用率，延长使用寿命，达到无事故、高效益，为企业赢得更好的经济效益和社会效益。

第二节　设备的维护与保养

一、缝纫机机械部分的维护与保养

一般缝纫机的机械部分主要包括机头与旋梭、传动轴等，全自动缝纫机为了提高机器的精度，则加了升降滑台、导轨和滑块、丝杠等部件。这里以全自动服装专用缝纫机、冲缝一体机和全自动零等待缝纫机这三种机型为例详细介绍一下各部分的保养方法。

1. 机头与旋梭部分的维护与保养

以全自动服装专用缝纫机为例，如图4–1所示。

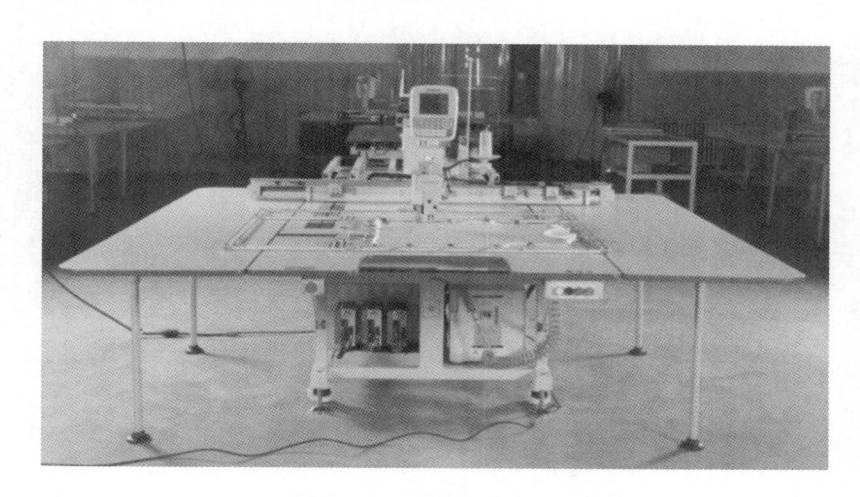

图4–1　全自动服装专用缝纫机

（1）开始工作前，检查机头部分与旋梭部分螺钉有无松动（每天检查）。检查主要机件，有无特殊声音，机针是否正常等。如果发现不正常现象，应及时检修，如图4–2 ~ 图4–4所示。

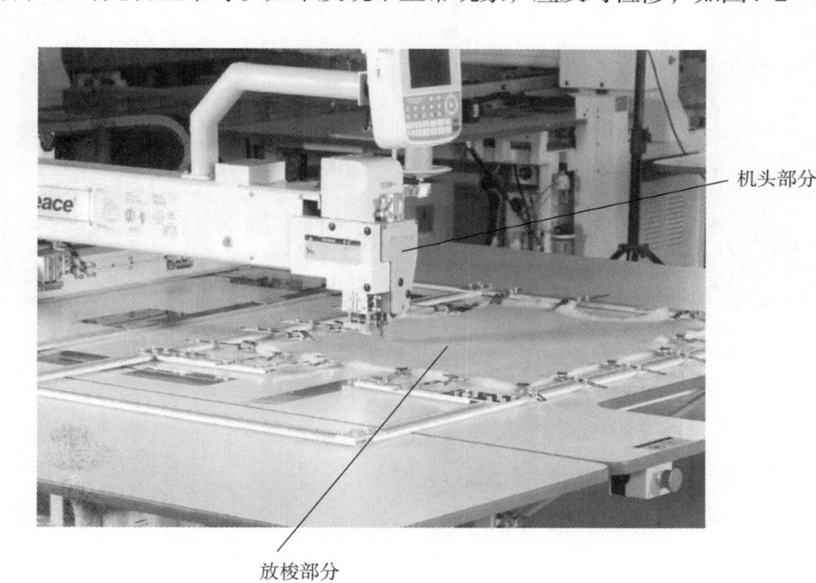

图4–2　机头与旋梭位置

（2）开始工作前，检查缝纫线是否在规定的线道内，并用手轻拉缝纫线检查是否有卡死现象，检查旋梭是否积聚线头和布屑等杂物，是否影响机器正常转动（每天检查）。如图4–5所示为机头绕线装置，如图4–6所示为旋梭剪线装置。

图4-3　机头部分

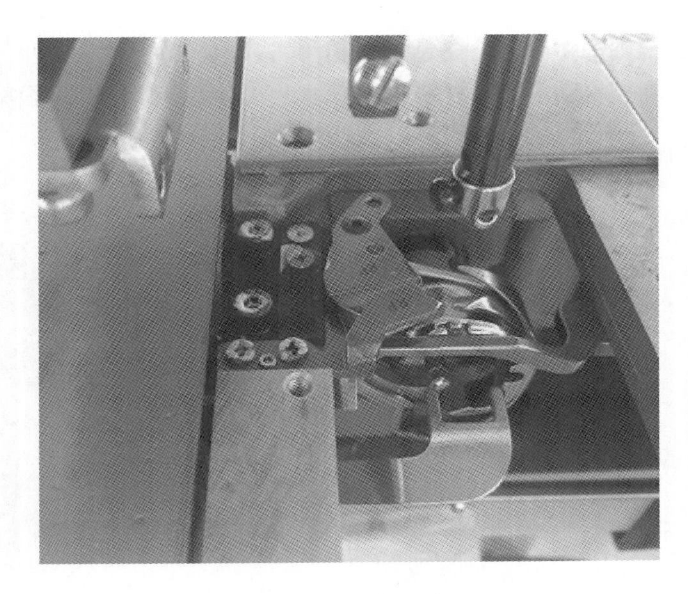

图4-4　旋梭部分

图4-5　机头绕线装置

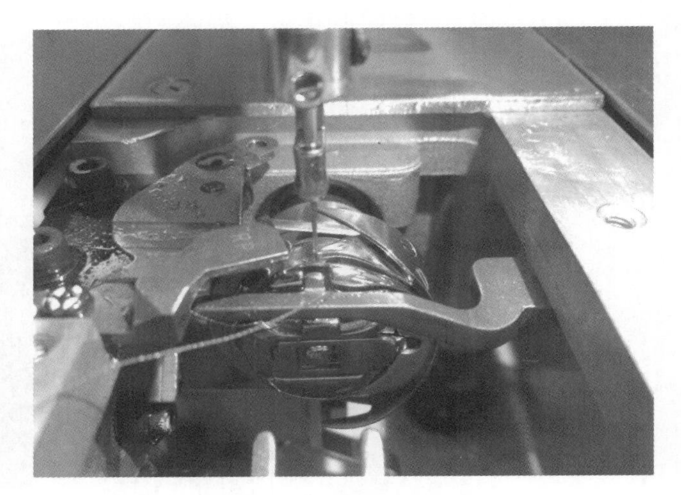

图4-6　旋梭剪线装置

（3）工作完毕后，用气枪清理机头与旋梭部分的杂物，使用气枪之前先进行空喷，清理气枪里的水分与杂物，如图4-7所示（每天清理）。

（4）主要零件如机头、梭芯套等，要注意防锈，及时注油。

① 按各油孔注入，机器的内外部运转、传动部分也要加油。推荐选用3号白油（工业白油）、2号黄油及防锈油。旋梭部分每工作4小时加1次缝纫机油，机头部分经常使用的情况下每天1～2次加一次油，不经常使用每周1次。每2～3个月更换1次润滑脂。机头及旋梭保养标志如图4-8所示。推荐加油方式为按工作时间加油，加油时间间隔为3600秒，加油持续时间为15秒，如图4-9所示。

② 全自动缝纫机机头内部、旋梭轴能够实现自动供油，可以根据需要设置加油方式以

图4-7　机头与旋梭的清理

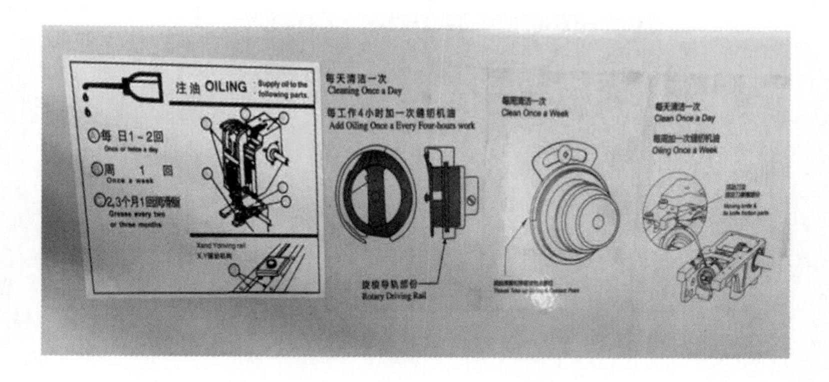

图4-8　机头及旋梭保养标志

加油方式选择

- 不加油
- 按工作时间间歇加油
- 按工作针数间歇加油
- 持续不停加油

加油针数间隔	0	针
加油时间间隔	0	秒
加油持续时长	0	秒

图4-9　自动供油设置

及加油持续时间，在“工作参数设置”中的“工作参数［2］”界面右上角的“加油方式选择”进行设置，如图4-10～图4-14所示。

裸露在外面
的运动部件
需要涂抹黄
油，注：其
他不易涂抹
黄油的部件，
可用防锈剂
机头内运动
部件需要涂
抹白油，由
机头上部注
油棉注入

图4-10 机头各部分零件

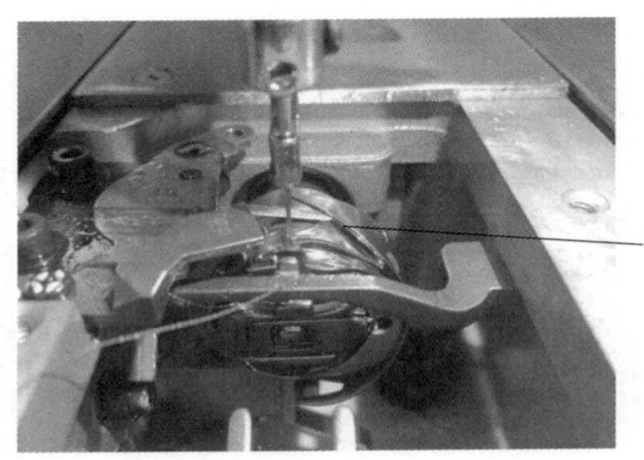
旋梭喷防
锈油

图4-11 旋梭内部

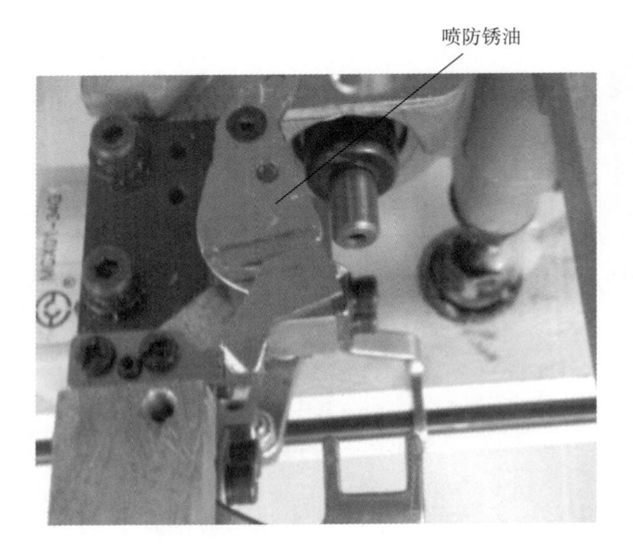
喷防锈油

图4-12 剪线部分

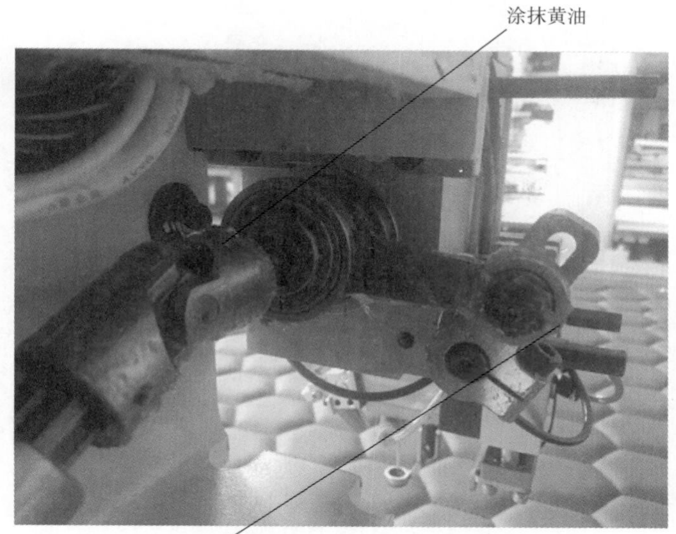

图4-13　机头与主轴连接处

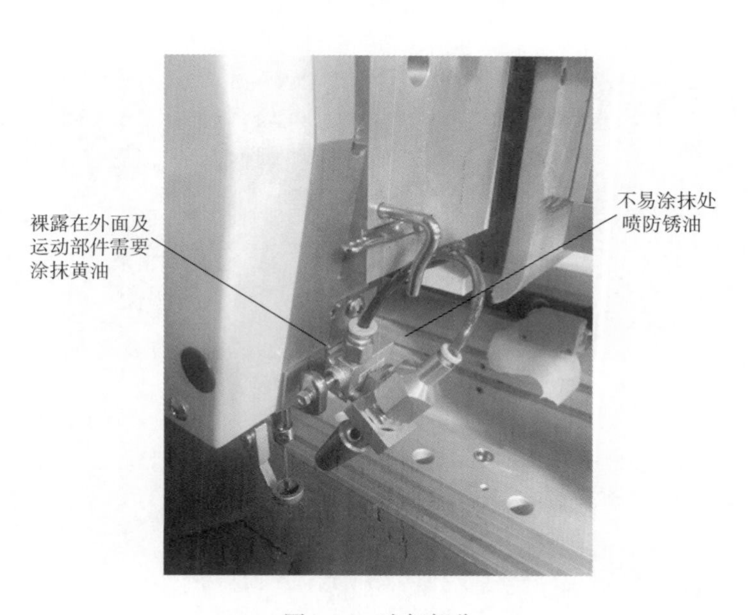

图4-14　吹气部分

③ 缝纫机上的机针易锈，可用小块绒布包些棉花或石灰粉做成一个小布袋，将机针插入布袋，使用时取下布袋。

④ 机器使用较长时间后，机头与旋梭要进行一次检修，如发现磨损较大零件，需要及时更换（每2~3月一次）。将机头上的防护罩拆下，逐个检验零件的磨损情况，更换磨损严重的零件。打开旋梭罩，检查剪线刀的磨损情况，更换磨损严重的零件。

2. **传动轴的维护与保养**

以冲缝一体机为例，如图4-15所示。

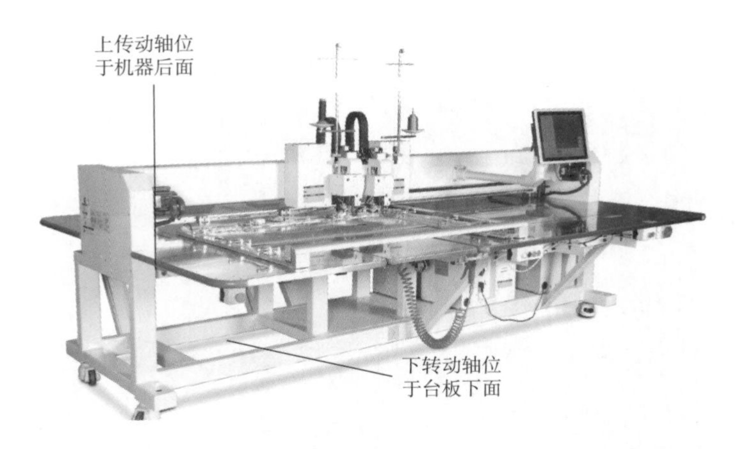

图4-15 冲缝一体机

（1）油或油脂的添加。为了防止生锈，传动轴在出厂时涂抹了一定量的黄油或防锈油。在长期使用过程中，表面的油膜可能被破坏。如果不及时补充，会加剧转动部分的磨损，缩短使用寿命。推荐选用2号黄油以及防锈油，每周加一次油，每2～3个月更换1次润滑脂，如图4-16、图4-17所示。

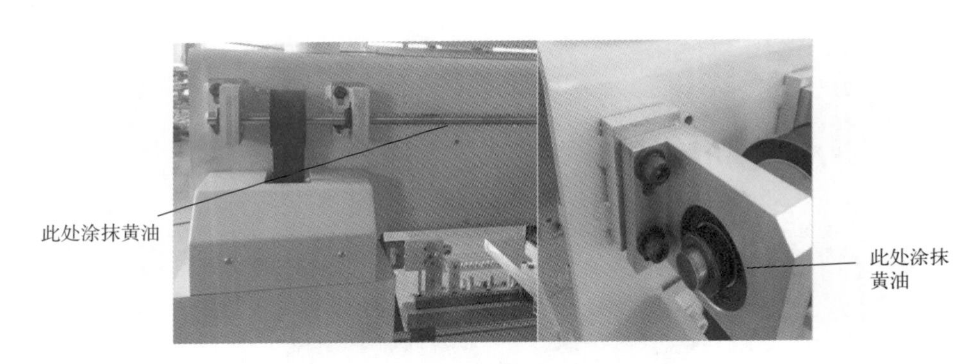

图4-16 上传动轴

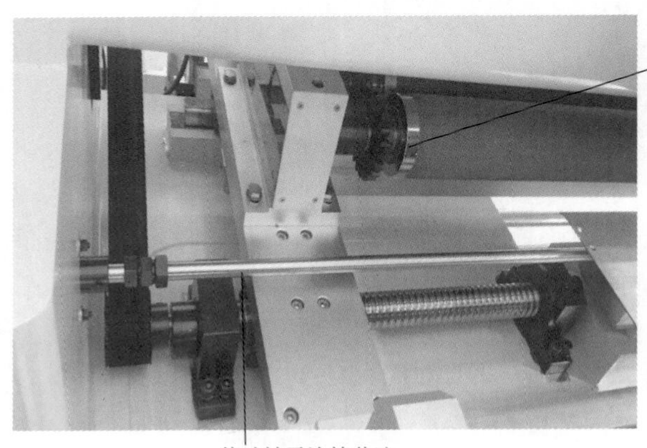

图4-17 下传动轴

（2）传动轴异物的清理以及其他注意事项。传动轴部件需要密封，防止灰尘、屑末进入主轴部件，定期清除表面杂物，线头等。先用干净棉纱揩擦干净，然后进行补油（每月清洁）。

3. 升降滑台的维护与保养

以全自动冲缝一体机为例，如图4–18所示。

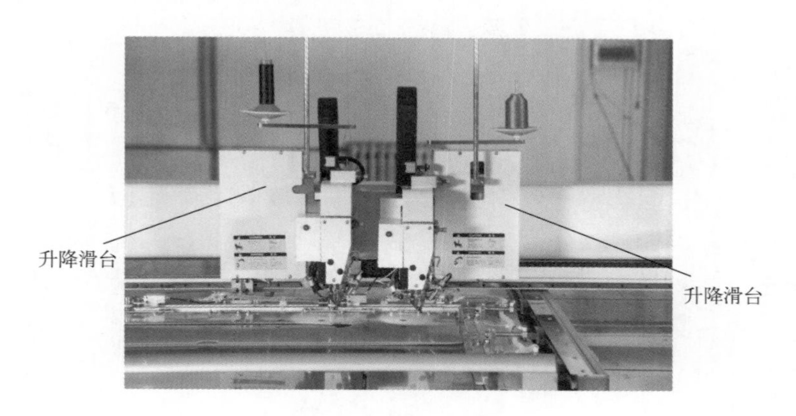
升降滑台
升降滑台

图4–18　全自动冲缝一体机

（1）油或油脂的添加。升降滑台是缝纫机的核心，需要定期维护，升降滑台中导轨滑块需要定期注油，添加油脂。建议选用3号白色润滑脂、2号黄油以及防锈油，每周加一次油，每2～3个月更换1次润滑脂，如图4–19所示。

滑轨需要涂抹一定量白色润滑脂
裸露金属表面也需涂抹少量黄油

图4–19　升降滑台

（2）升降滑台的清理以及其他注意事项。注意防止灰尘、屑末进入滑台，定期清洁杂物，先用干净棉纱揩擦干净，然后进行补油。切忌用坚硬工具清除，每周清洁。

4. 导轨与滑块的维护与保养

导轨与滑块材料均为碳钢，如图4-20所示，本身并不具备防锈性能，必须进行防锈保护。在这里以全自动冲缝一体机为例，如图4-21所示。

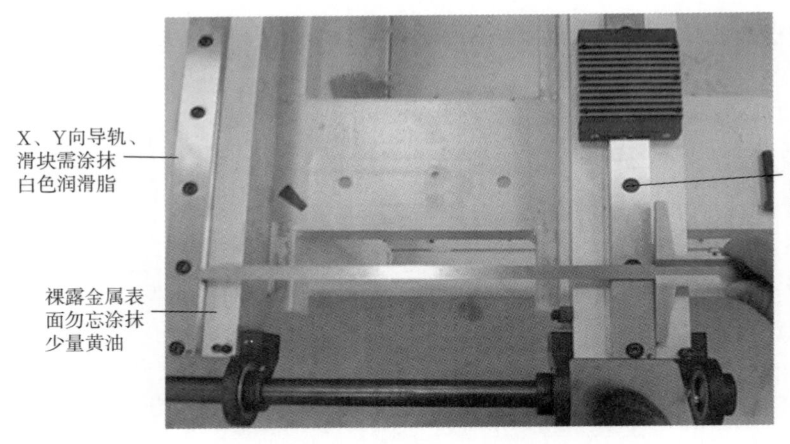
X、Y向导轨、
滑块需涂抹
白色润滑脂
其他不易涂抹黄油
的部件，可使用防
锈油防锈
裸露金属表
面勿忘涂抹
少量黄油

图4-20 X、Y向导轨

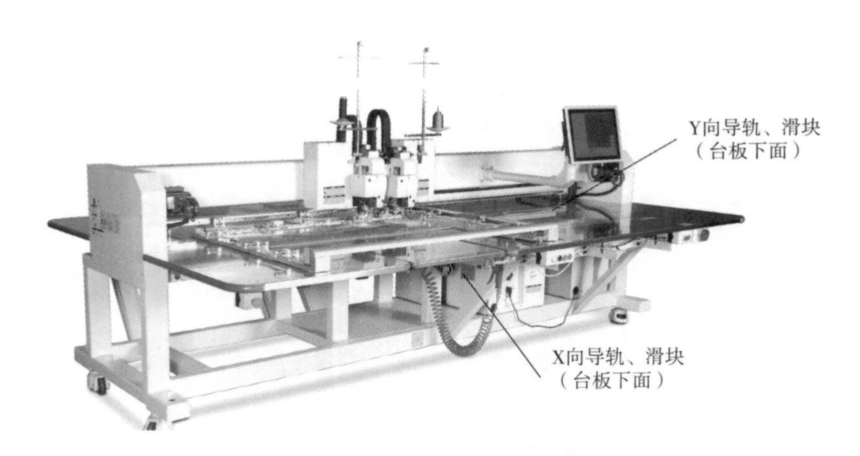
Y向导轨、滑块
（台板下面）
X向导轨、滑块
（台板下面）

图4-21 冲缝一体机

部分机器机头部分也是由导轨和滑块组成的，如图4-22所示。

（1）润滑油脂或润滑油的添加。每组线性滑轨在出厂前可封入锂皂基润滑油脂，以润滑珠道轨道。虽然润滑油脂较不易流失，但为避免因润滑损耗造成不足，建议客户使用距离达100km时，应再补充润滑油脂一次。此时可用注油枪借由滑块上所附油嘴，将油脂打入滑块中。润滑油脂适用于速度不超过60m/min，且对冷却作用无要求的场合。建议客户使用油黏滞力为32～150cst的润滑油润滑线性滑轨。根据客户需要，在原先放油嘴的位置安装油管接头，因此客户只要将机台预设之油管接上油管接头即可。润滑油的损耗比润滑油脂更快，使用时必须注意供油是否充足。若润滑不足，易造成滑轨与滑块异常磨耗，降低其寿命，建议打油频率约为$0.3cm^3/hr$，客户可依其使用状况斟酌使用。润滑油适用于各种负载及速度的场

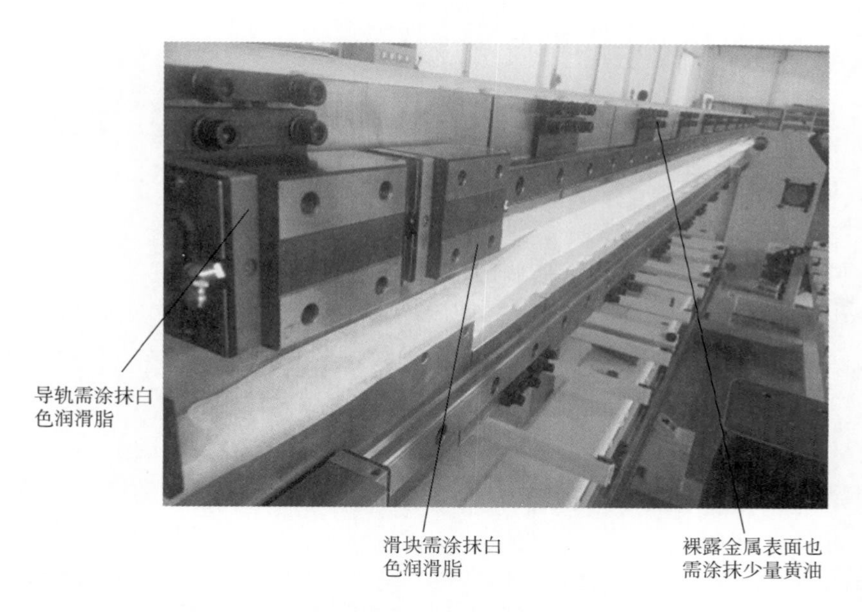
导轨需涂抹白
色润滑脂
滑块需涂抹白
色润滑脂
裸露金属表面也
需涂抹少量黄油

图4-22　机头导轨

合，但由于润滑油易挥发，不适用于高温润滑。

建议选用3号白色润滑脂、2号黄油以及防锈剂，每周加一次油，每2～3个月更换1次润滑脂。

（2）导轨和滑块异物的清理以及其他注意事项。定期检查丝杠表面清洁状况，若发现杂物、线头，及时用干净棉纱揩擦干净后补油。切忌用坚硬工具清除杂物，每周清洁。

5. **丝杠的维护与保养**

部分全自动缝纫机为了提高精度，采用滚珠丝杠传动，其摩擦力小，传动效率高，精度高，因此，滚珠丝杠的维修与保养必不可少。以全自动零等待缝纫机为例，如图4-23所示。

将丝杠防护罩按要求正确拆下，在丝杠上均匀地涂抹黄油，并用油枪向丝杠螺母油杯内注入适量黄油（每月保养），如图4-24所示。

丝杠位于风
琴罩里面

图4-23　全自动零等待缝纫机

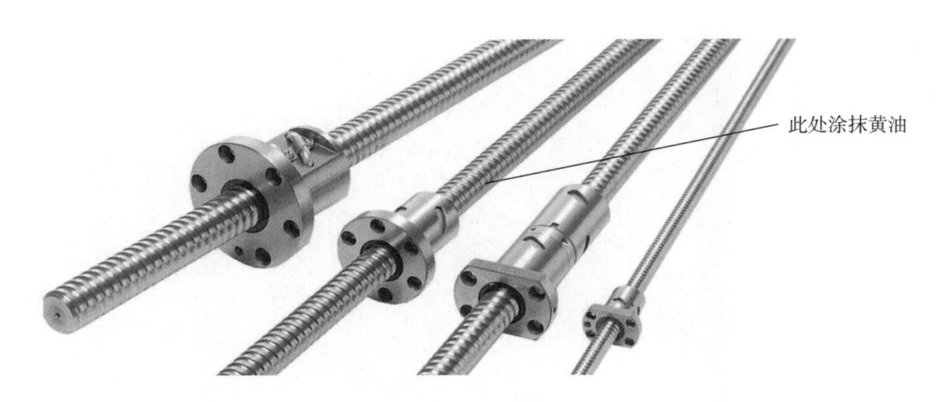

图4-24　滚珠丝杠

（1）润滑油或油脂的添加。润滑油的选择直接影响滚珠丝杠的温升。滚珠丝杠必须采用油或油脂中的一项进行润滑，一般建议以轴承润滑油为滚珠螺杆油润滑，油脂则建议以锂皂基的油脂。油品黏度选用是根据操作速度、工作温度及负荷情形来选择。当工作情况为高速低负载时，最好选用低黏度油品；低速高负载时，则建议使用高黏度油品。一般来讲，高速时建议使用润滑油为40℃时，黏度指数范围为32~68cSt（ISO VG 32~68）（DIN 51519)；而低速时，建议使用的润滑油为40℃时黏度指数范围为90cSt（ISO VG 90）以上。

建议选用3号白油（工业白油）、2号黄油以及防锈油，每周加一次油，每2~3个月更换1次润滑脂。润滑油的检查及补充见图4-1。

表4-1　润滑油的检查及补充

润滑油的检查及补充	
润滑方式	检查与添加的守则
油	每周检查油量及去污
	润滑油脏污时建议更换润滑油
	加油量建议： 每分钟注入量为 $\frac{\text{螺杆外径(mm)}}{56-60}$ C.C
油脂	每2~3个月检查是否有脏污的碎屑混入
	油脂脏污时，清除现有油脂，并更换新油脂
	注入量为每两个月或者100km的行程时，注入1/2螺帽内部容量

（2）丝杠上异物的清理以及其他注意事项。定期检查丝杠表面清洁状况，若发现杂物、线头及时用干净棉纱揩擦干净后补油。注意：切忌用坚硬工具清除杂物，每周清洁。

二、缝纫机电控部分的维护与保养

一般全自动缝纫机电控部分包括显示屏、电控箱、驱动器箱。这里我们以全自动服装专用缝纫机为例介绍电控部分的保养方法，如图4-25 ~ 图4-28所示。

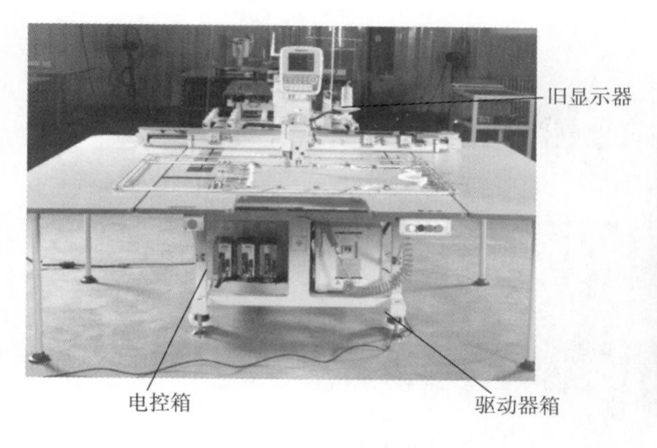

图4-25　全自动服装专用缝纫机

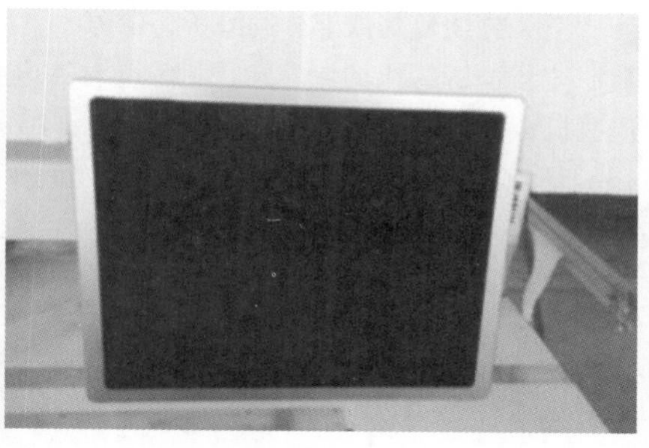

图4-26　新显示屏

图4-27　驱动器箱

图4-28　电控箱

（1）电控部分建议温度为0～30℃，建议湿度小于80%RH的无腐蚀气体的环境条件下。温度太高或太低，都会影响等配件的性能发挥，甚至引起一些配件的短路，产生易产生静电。

（2）空气中灰尘对电控箱里的电控元件影响很大，需要定期检查风扇、清理灰尘。若灰尘太多，就会腐蚀芯片的电路板（每月一次）。

（3）为了避免主机因受潮造成短路，需要定期开关机。特别是在潮湿的季节，避免频繁开关机，否则会损伤硬件。

（4）正确开机和关机。如果开关机操作不当，可能在下次使用的时候导致系统无法识别相关硬件，或者无法装载设备驱动程序等问题。

（5）在对软件进行升级的时候，必须注意所用计算机的安全性，所用计算机不能有病毒和木马，必须安装必要的杀毒软件。

（6）电控部分外部注意每天清洁，避免洒水、滴油。如果不慎入水或者滴油，应及时关闭电源进行清理。

（7）电控部分内部要半年进行一次整体除尘保养，特别是机箱里面。如果对机箱内部不太了解，要咨询维修人员如何为机箱除尘，避免损伤硬件或触电。

三、缝纫机其他部分的维护与保养

全自动缝纫机的保养除了机械部分和电控部分之外，还需要注意其他方面的保养。在这里我们以全自动服装专用缝纫机为例，详细地介绍其保养方法，如图4-29所示。

（1）由于机器不停地高速运转，会引起螺丝、螺母、垫片和一些活动件的松动，因此需定期检查螺丝、顶丝，及时拧紧，避免由松动造成设备的损伤，如图4-30～图4-34所示。另外，需要检查易生锈表面，及时涂抹黄油或防锈油。使用2号黄油和防锈剂，每天检查。

图4-29　全自动服装专用缝纫机

图4-30　螺丝松动

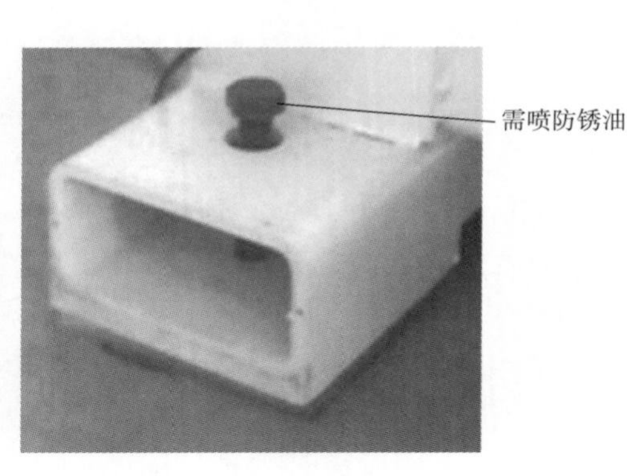

图4-31　螺丝涂油

图4-32　联轴器

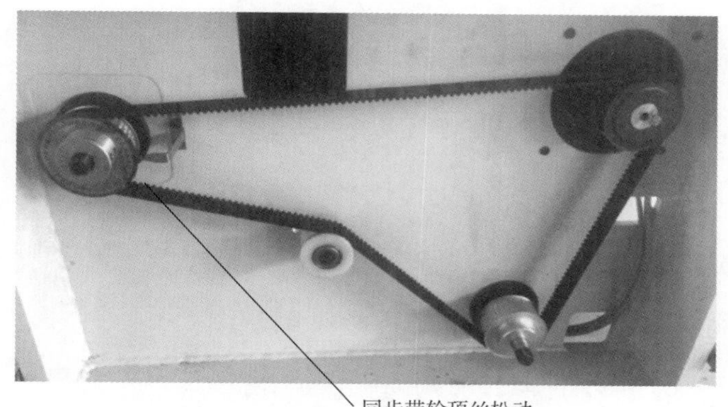
同步带轮顶丝松动

图4-33　同步带轮

轴承座安装基准
面需涂抹一定量
黄油

图4-34　轴承座

（2）随时检查电源电压，检查压力总开关的气压，压力范围为0.5~0.6MPa，压力总开关里的水分（超过1/3需要清洁），油杯的油量（保持在2/3，不能低于1/3），如图4-35、图4-36所示。

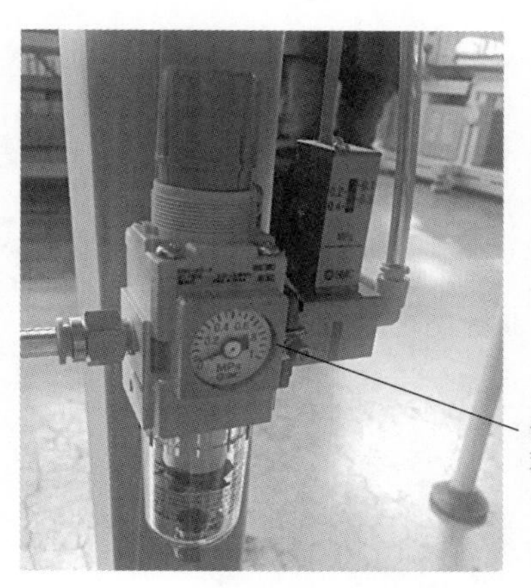
调压阀气压在推
荐范围内

图4-35　调压阀

油量保持在2/3，
不能低于1/3

图4-36　油杯

（3）检查电气系统各线路及零附件工作是否完好，每天检查，如图4–37所示。

（4）用气枪、清洁布清理台板和绣框上的线头与杂物。切忌用坚硬工具清除，防止台板损坏或者划伤，如图4–38 ~ 图4–40所示。每次清洁完毕，将气枪等清洁用具放回原位，每天清洁。

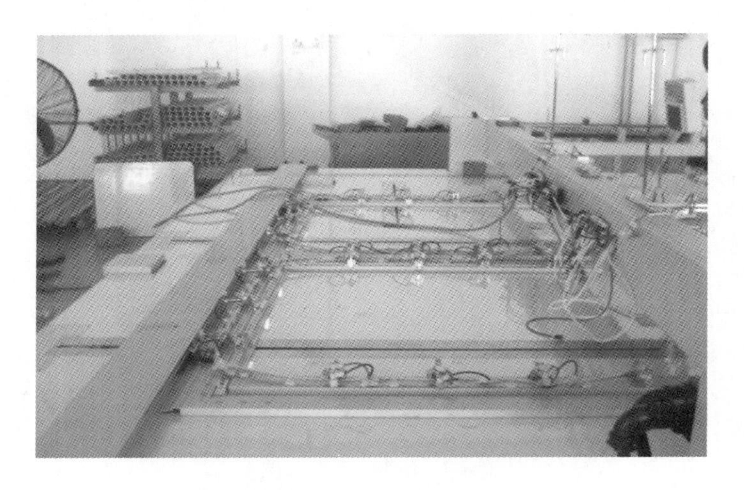

图4–37　电气系统

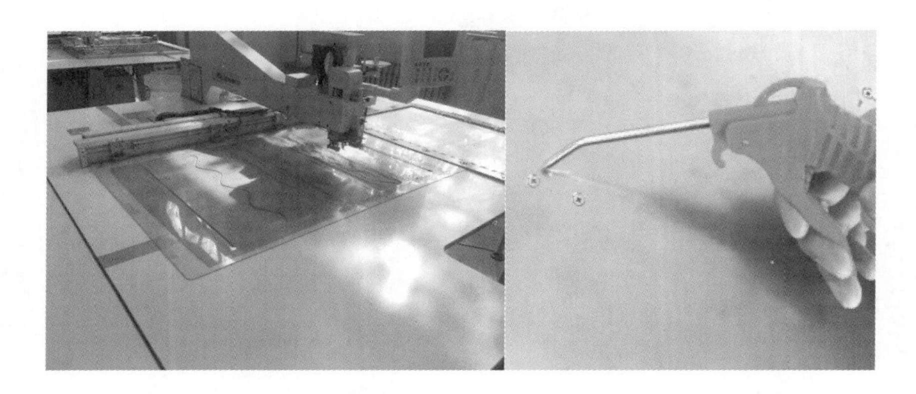

图4–38　台板清洁

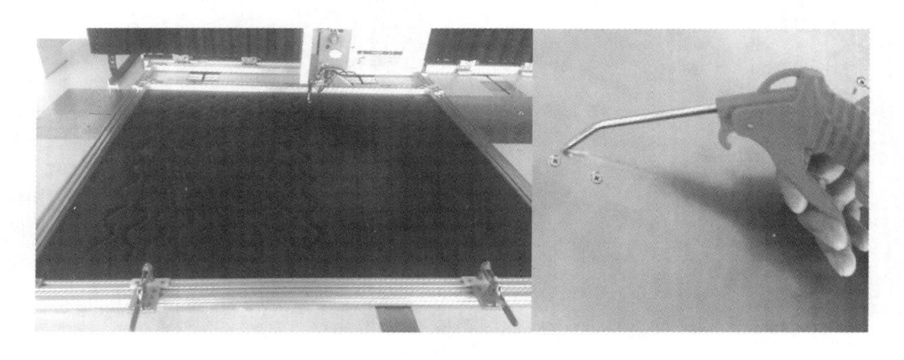

图4–39　绣框清洁

（5）检查各行程限位开关是否灵敏可靠，电气操作开关、限位及指示灯是否正常，每天检查，如图4-41所示。

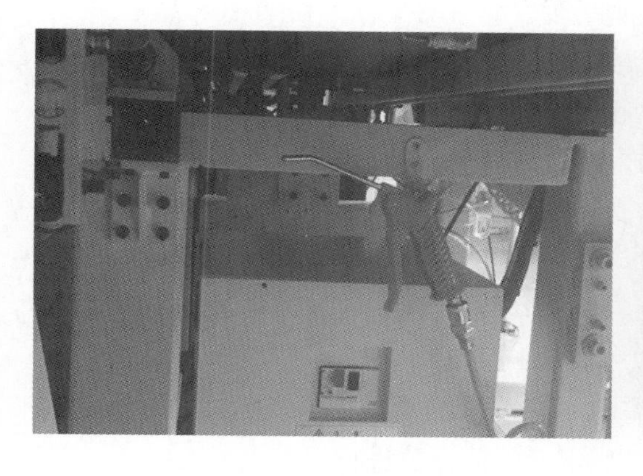

图4-40　气枪的放置

图4-41　操作开关

（6）机器应安放在清洁、通风良好的地方，避免阳光直射。检查地脚螺栓是否牢固，地面是否有足够的强度来支撑机器的重量，每周检查，如图4-42所示。

（7）清洗设备外表面及各罩壳，保持内外清洁，无锈蚀，每周一次。

（8）每一台机器都要通过电介质测试，包括绝缘电阻测试和保护接地测试。所有的地线都要连接到机器外壳上。定期进行安全检查，每周一次，如图4-43所示。

图4-42　地脚螺栓安装

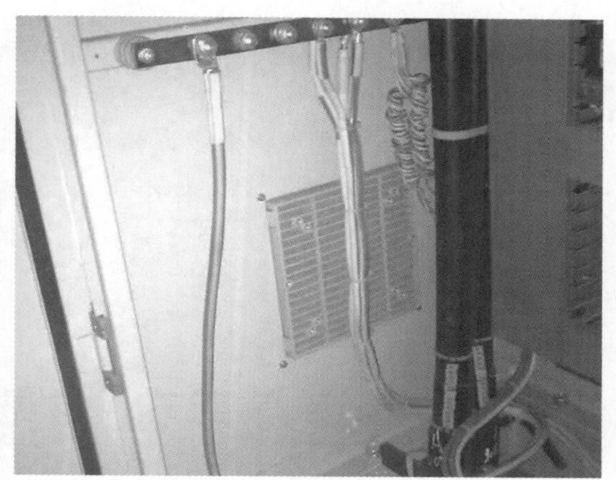

图4-43　地线连接大地

第三节　保养总要求及设备保养计划

一、保养总要求

（1）设备精度满足生产工艺要求。

（2）设备系统运转正常，无其他问题。

（3）设备运行无问题，安全装置运行正常。

（4）管道完整无老化现象，油质符合要求，油路通，油窗明亮，无漏油现象。

（5）各操作部位灵敏可靠，运动部位运转正常。

（6）机器内外清洁，无油垢，无敲打划痕，各滑导部位及零件无拉毛、碰伤。

（7）更换后配部件，不得超过机件总数的10%(易损件除外)。

（8）电气系统安全、灵敏、可靠、无漏电，安装符合要求。

二、设备保养计划

1．编制设备保养计划的注意事项

（1）编制设备保养计划中应注意，生产急需的、影响产品质量的、关键工序的设备应重点安排。关键设备应尽可能安排在节假日和不影响生产的前提下进行保养。

（2）在编制设备保养计划时，应考虑到设备保养的工作量，设置合理的设备保养计划。设备保养计划应包括：年保养计划、月保养计划、日保养计划及预防性试验计划等。

（3）制订设备保养计划要经过细致的调查研究，了解相关的设备保养知识。

2．编制设备保养计划

（1）制订合理的保养计划。

（2）建立设备保养记录表。

（3）制订《设备保养规范》。

（4）设备保养的检查与监管。

3．设备保养计划的检查与实施

有了设备保养检修计划，如不进行检查、督促，是无法保证其正常进行的。检查的内容主要包括：设备保养计划是否合理、年月日及预防性保养是否执行、能否达到规定的保养标准等。

第四节　常见故障及解决措施

在全自动缝纫机使用过程中，由于使用不当或设备老化等，设备会出现各种各样的问题，一些常见的问题可以自行排查解决，不需要等专业人员。本节重点讲解全自动缝纫机使用过程中常见的问题及解决办法。

一、常见机械故障及解决措施

1．缝纫线迹不稳

（1）故障现象。缝纫线迹不稳是缝制一段线迹时，偶尔出现几针缝制不美观的现象，如图4-44所示。

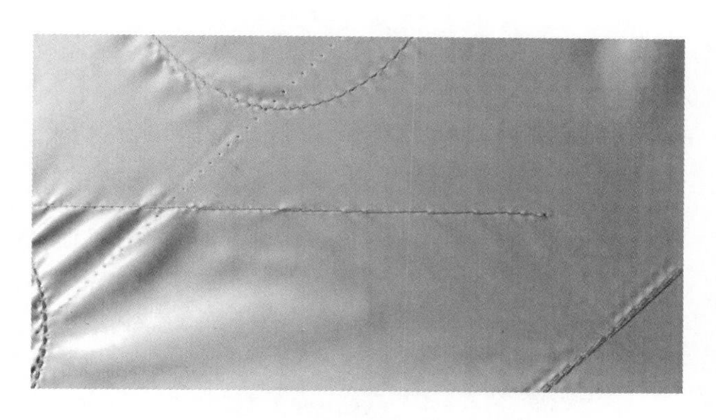

图4-44　缝制线迹不稳

（2）解决措施。

① 检查梭芯在梭壳内转动是否畅通，若有卡滞现象，则需要更换新的梭芯或梭壳，如图4-45所示。

② 检查面线线道是否通畅，用手均匀地拉面线，感觉是否有不通畅现象，如图4-46所示。

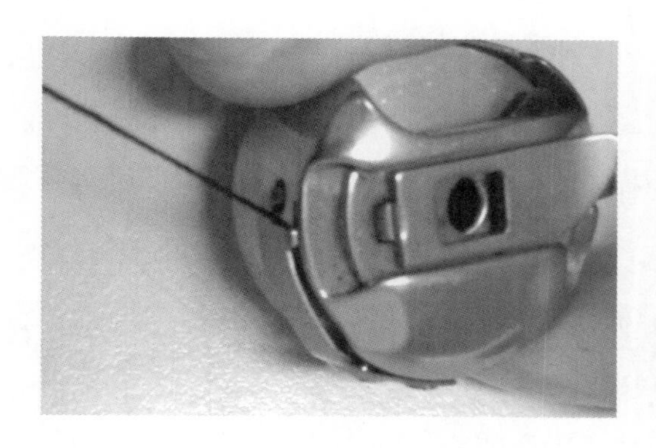

图4-45　梭壳内底线

图4-46　面线线道

2. **底线、面线不合**

（1）故障现象。线、面线不合，是指底线和面线拉力不匹配而引起的缝纫线节点偏上或偏下等问题，如图4-47所示的线圈内线迹。

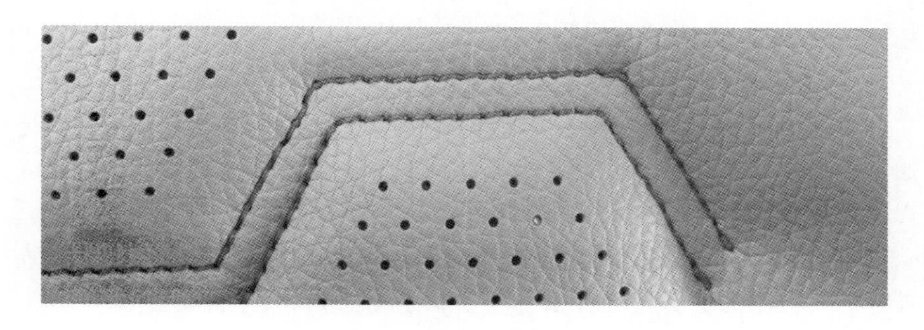

图4-47　底线、面线不合

（2）解决措施。调节底线和面线的松紧，底线通过调节梭壳来调节松紧，面线通过调节旋钮及松线装置来调节松紧的，如图4-48所示。

图4-48 夹线装置

3. 缝纫时跳线

（1）故障现象。缝纫时跳线是指缝制产品时，有一小段线迹底线和面线未形成线环，如图4-49所示的圈内线迹。

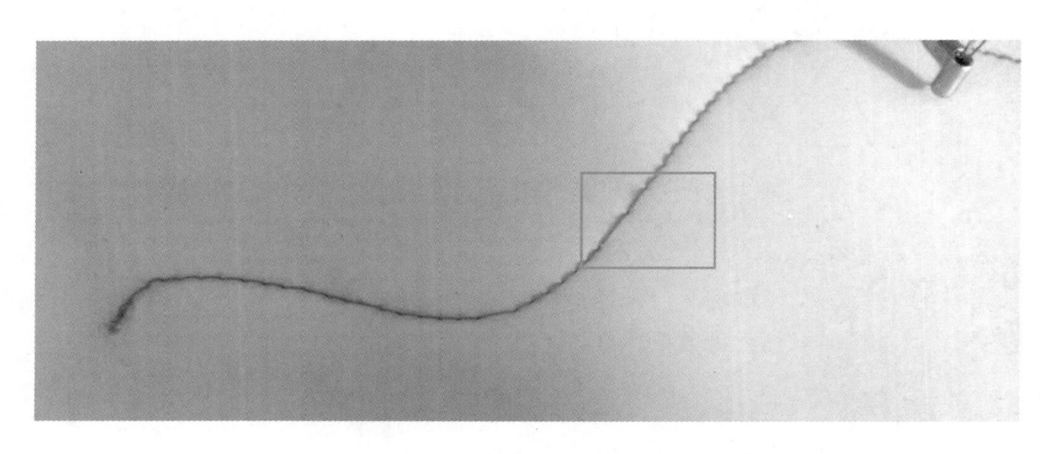

图4-49 跳线

（2）解决措施。

① 检查压脚是否在最低点时离针板的距离过高，手动转动主轴，摇到压脚在最低点，是否压脚过高，没有压紧布料。如果压脚过高，要适当降低压脚高度，如图4-50所示。

② 检查针与旋梭的间隙，打开针板，将主轴手动摇到202°勾线度数，目测下针与旋梭的间隙是否过大。如果间隙过大，则减小针与旋梭的间隙，如图4-51所示。

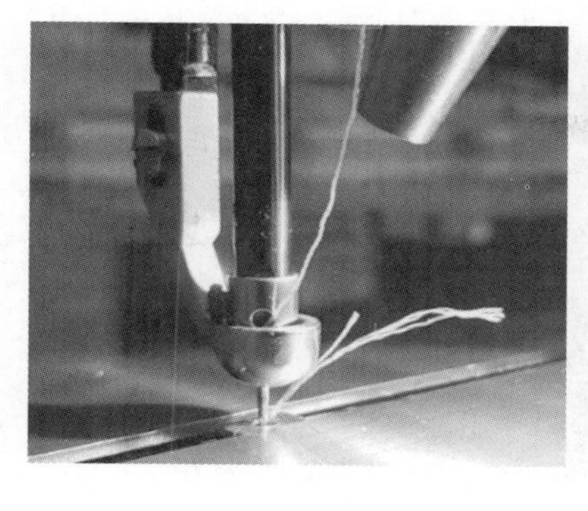

图4-50 压脚

图4-51 针与旋梭

③ 检查是否针在202° 形成勾线，针位置是否位置过高。如果针位置过高，松掉针杆夹块螺丝，降低针杆高度，然后拧紧针杆夹块螺丝，如图4-52所示。

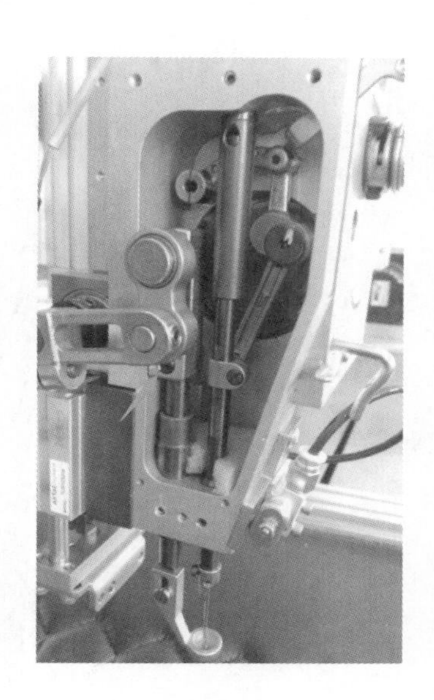

图4-52 针杆

4. **缝纫过程中断线率过高**

解决措施。

（1）检查机针是否有毛刺，用手指触摸下针孔处是否有尖点。如果机针有毛刺或尖点，则更换机针，如图4-53所示。

（2）检查梭芯在梭壳内转动是否畅通。若有卡滞现象，则需要更换新的梭芯或梭壳。检查面线线道是否通畅，用手均匀地拉面线，感觉是否有通畅现象，如图4-54所示。

（3）检查旋梭是否有毛刺，打开针板，用手触摸并观察旋梭尾部是否有毛刺。若有毛刺，用细砂纸打磨旋梭尾部或更换旋梭，如图4-55所示。

（4）检查机针在202° 时高度是否过低。如果高度过低，则提升针杆高度。

（5）检查针梭间隙是否过小，打开针板，将主轴手动摇到202° 勾线度数，目测下针与旋梭的间隙是否过小。如果间隙过小，则适当增大针与旋梭的间隙。

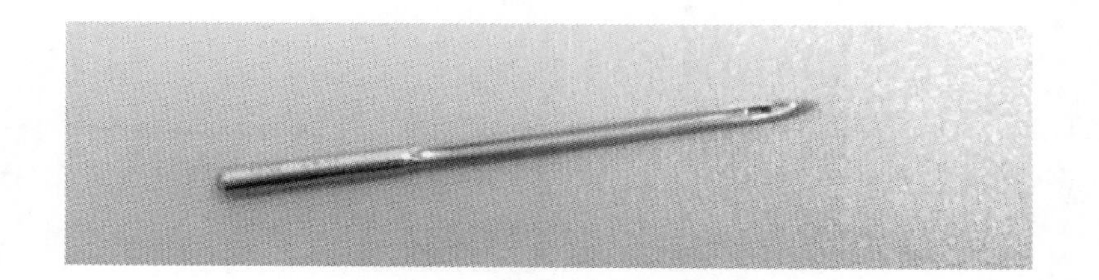

图4-53 机针

5. **起针不能带上底线**

（1）故障现象。起针不能带上底线，是指缝纫时不能形成线迹，即底线和面线不能正确地缠绕在一起，如图4-56、图4-57所示。

图4-54 梭芯底线

图4-55 旋梭

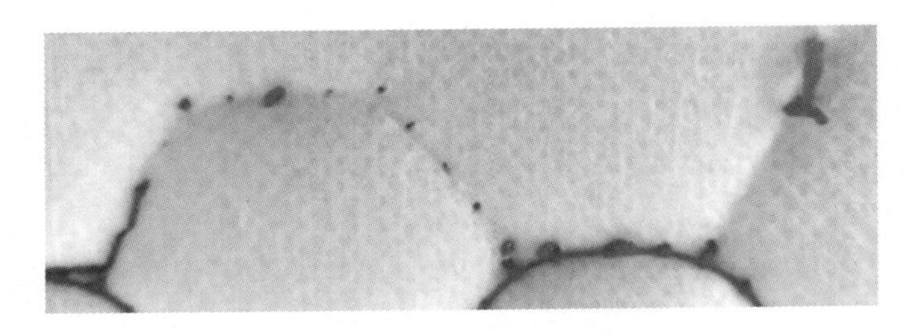

图4-56 缝料反面

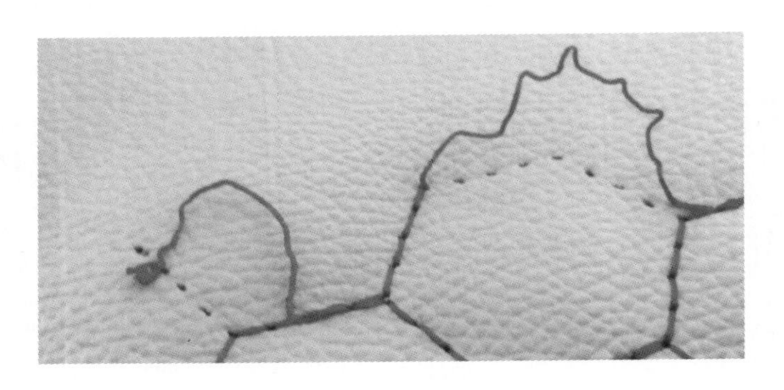

图4-57 缝料正面

（2）解决措施。

① 检查面线是否剪得太短，调松线架上的旋钮或调松夹线器，如图4-58所示。

② 检查起针位置是否有空扎现象，起针位置粘贴马尾衬，或编辑缩短缝纫线。

③ 检查针梭间隙，打开针板，将主轴手动摇到202°勾线度数，目测下针与旋梭的间隙是否过大。如果间隙过大，则减小针与旋梭的间隙。

6. 剪不断底线

解决措施。

（1）检查是否在剪线时底线有“打软”的现象，即剪线时底线不能绷直状态。如有，需要通过梭壳调紧底线，或更改操作箱参数——剪线动框。

（2）检查气路，是否有足够的气压提供剪线气缸动作。

（3）检查动刀与定刀是否有磨损现象，更换定刀或动刀，如图4-59所示。

图4-58　线架

7. **剪不断面线**

解决措施。

（1）检查在剪线时扣线叉是否能够扣到面线，调节扣线叉的前后位置，能够在剪线时扣线叉能够扣到面线，形成“剪线三角”，如图4-60所示。

（2）检查针梭间隙是否太大，从而导致剪线时跳，不能形成“剪线三角”，调整针梭间隙。

（3）检查动刀与定刀是否有磨损现象，更换定刀或动刀。

图4-59　剪线装置

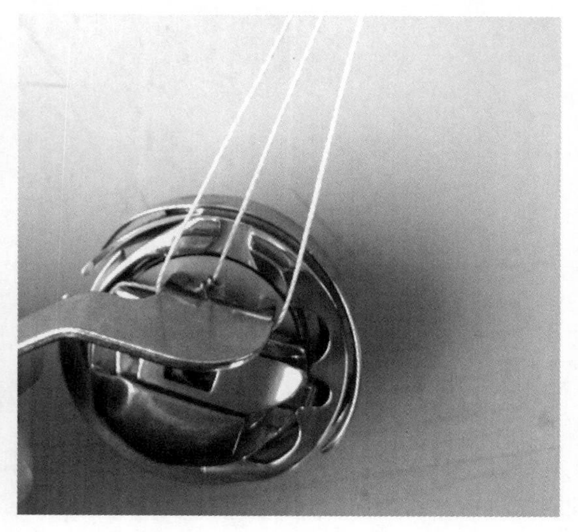

图4-60　剪线三角

8. **剪线后面线线头太短**

（1）故障现象。剪线后面线线头太短，如图4-61所示；面线长度正常，如图4-62所示。

（2）解决措施。

① 检查在剪线时扣线叉是否能够扣到面线，调节扣线叉的前后位置，在剪线时扣线叉能够扣到面线，形成“剪线三角”。

② 调节线架的旋钮，如图4-63所示。

9. **缝制走位**

（1）故障现象。缝制走位是指缝纫线迹在材料上的缝纫位置与理论缝纫位置相比，不一致、偏斜等，即缝框没有到达指定位置，如图4-64所示。

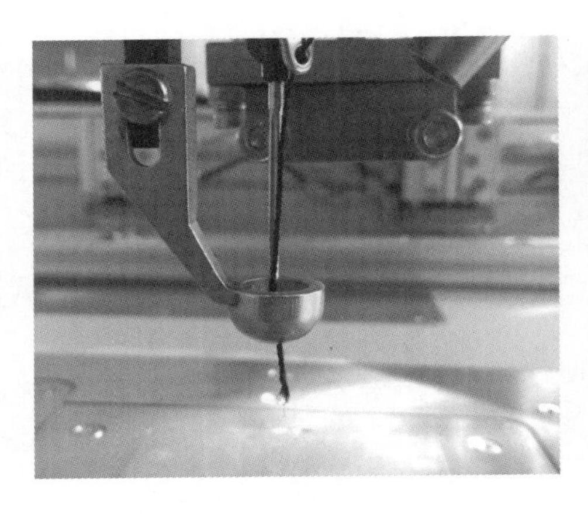

图4-61 面线过短

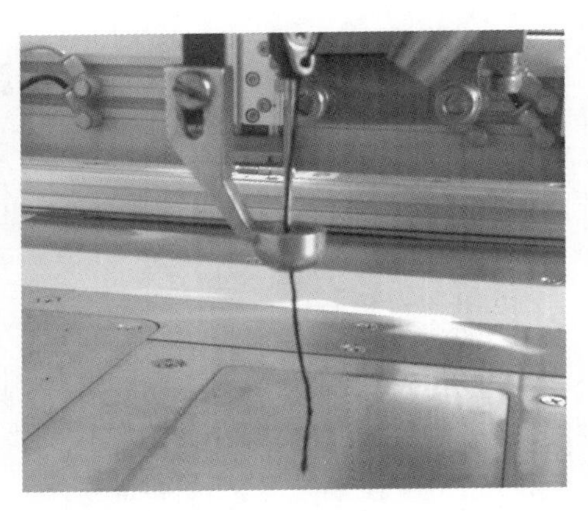

图4-62 面线正常

图4-63 线架

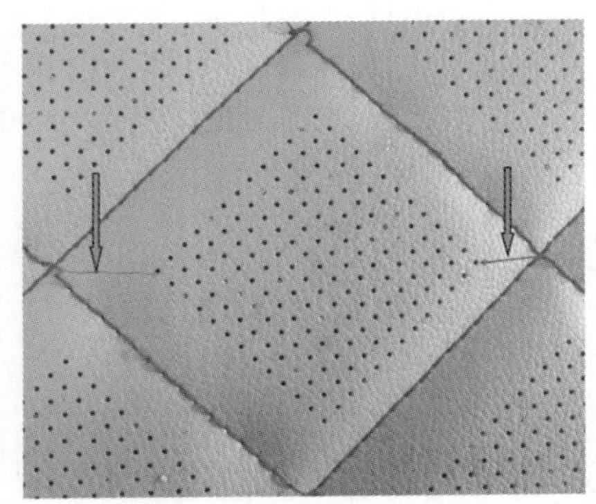

图4-64 缝制走位

（2）解决措施。

① 检查X、Y驱动的二级传动箱的带轮张紧套、带轮顶丝、皮带是否有松动现象，如图4-65所示。

② 检查缝框与固定梁隔套螺钉是否有松动。

③ 检查驱动器的地线状态是否良好。

10. **缝纫断针**

（1）故障现象。全自动缝纫机的断针如图4-66所示。

（2）解决措施。

① 检查旋梭是否跑位，打开针板，手动摇动主轴到202°勾线度数，检查针梭关系是否正确。

② 检查布片处是否有异物。

③ 检查机针针位是否过低，打开针板，手动摇动主轴到202°，加长针位高度，松开针杆夹块螺钉，提升针杆高度。

11. **缝纫抛线**

（1）故障现象。缝纫抛线如图4-67所示。

图4–65 皮带张进

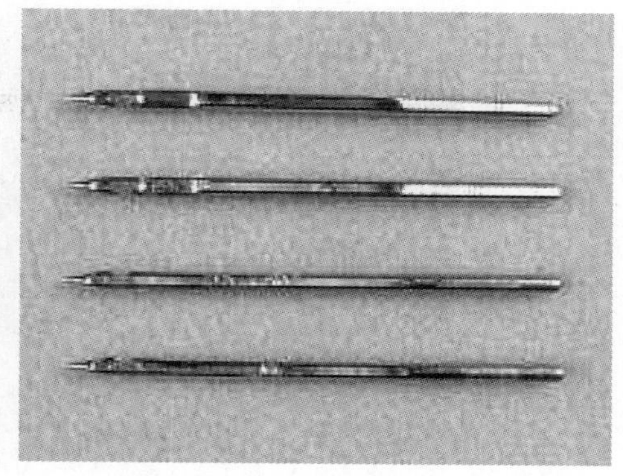

图4–66 断针

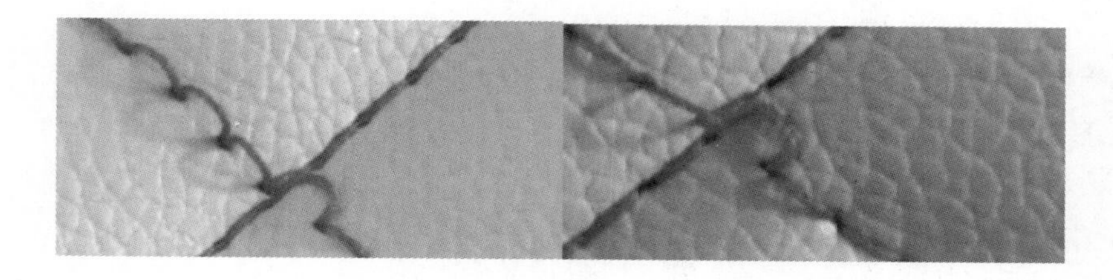

图4–67 缝纫抛线

（2）解决措施。

① 检查底线面线是否太松。

② 检查压脚时序是否正确，即针在缝纫时脱离布面时，压脚处于压布状态。

③ 检查挑线杆时序是否正确，即202° 是针杆由下死点回程2.5mm。

④ 检查202° 时是否是勾线位置。

⑤ 检查机针高低是否适度，打开针板，手动摇动主轴到202°，检查针孔在梭尖下是否过大。如过大，则调低针杆高度。

12. 缝纫时起皱现象

（1）故障现象。缝纫时起皱现象，是指缝纫机压脚或者缝纫机针不正常剐蹭布料引起布料褶皱等现象的统称，如图4–68所示。

（2）解决措施。

① 检查压脚高低是否过低。如果过低，松开压脚固定顶丝，提升压脚高度。

② 检查压脚的时序，手动转动主轴检查针在脱离布面时压脚是否压住布，通过调节压脚驱动连杆与机头主轴的关系，来调节针与压脚的时序。

二、常见操作箱提示信息及解决办法

1. 断线停车

（1）检查面线是否断线。如果断线，穿线后继续缝纫或补缝。

（2）检查梭芯是否有底线。如果无底线，更换底线，继续缝纫或补缝。

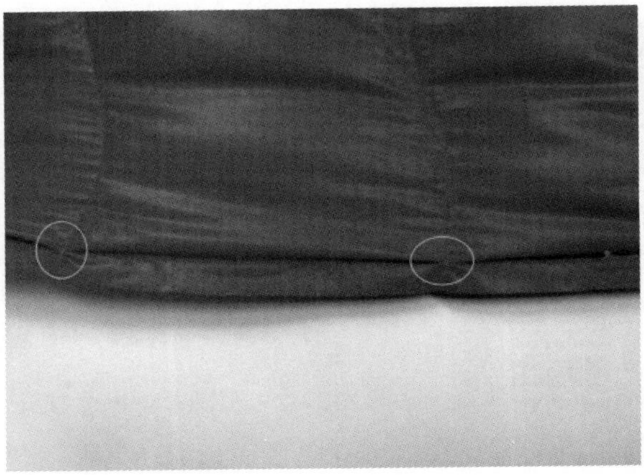

图4-68 缝制起皱

2. 花样数据错

如果花样数据错误，重新读入花样。

3. 无花样数据

如果无花样数据，U盘读取花样。

4. 刀不在回位

（1）检查剪刀感应器是否工作正常。

（2）检查剪刀或剪线轴是否有卡滞现象。

5. 机头工作异常

（1）检查机头电路板是否有短路现象。

（2）转动机头是否有卡滞现象。

6. 气压不足

气压过低，提高气路气压，注意气压在允许范围内。

7. 更换底线

请更换底线，更换后按下“OK”，然后按下开始按钮继续工作。

思考与练习

1. 设备保养的目的不包含（　　）。

A. 减少设备故障　B. 提高设备的使用年限　C. 降低设备的维修费用　D. 用处不大

2. 缝制产品过程中断线率过高，解决措施不包括（　　）。

A. 检查机针是否有毛刺

B. 检查面线是否过长

C. 检查梭芯在梭壳内转动是否畅通

D. 检查针梭间隙是否过小

3. 简述设定保养计划的注意事项。

参考文献

[1] 韦兴祥. 工业缝纫机的使用和保全保养（一）[J]. 针织工业，1982（5）：31-40.
[2] 韦兴祥. 工业缝纫机的使用和保全保养（二）[J]. 针织工业，1982（6）：23-32.
[3] 王文博. 缝纫机使用和维修技术 [M]. 北京：化学工业出版社，2008.
[4] 马红麟，王文博. 电脑缝纫机使用基础 [M]. 北京：化学工业出版社，2013.
[5] 刘兴武. 缝纫工一本通 [M]. 北京：化学工业出版社，2016.
[6] 孙小勇. 工业缝纫机维修技术问答 [M]. 北京：化学工业出版社，2009.